재밌어서 밤새 읽는

수학
이야기

프리미엄 편

재밌어서 밤새 읽는

수학
이야기

프리미엄 편

사쿠라이 스스무 지음 ｜ 장은정 옮김 ｜ 계영희 감수

더숲

6×4개의 우표 전지 한 장을 모두 낱장으로 분리하려면 몇 번 잘라야 할까? 대부분의 사람들은 '맨 처음 어디부터 자를까' 하고 자르는 방법에 대해 생각할 것이다. 하지만 이 문제를 푸는 열쇠는 '한 번 자르면 어떻게 되는가'를 생각하는 것에 있다.

많은 사람들이 찾아와 "수학적 사고 능력을 기르고 싶은데, 어떻게 하면 될까요?"라고 물으며 상담을 요청하는데, 그러기 위해 무엇보다 중요한 것은 발상의 전환이다.

지금 제시한 문제를 풀기 위한 사고법이 바로 그 예다. 어려운 문제를 푸는 것만이 수학적 사고를 익히는 길은 아니다. 즐기면서도 얼마든지 조금씩 익힐 수 있다.

수학이 좋아질 수 있다면 그 계기는 무엇이든 상관없다. 나는 사이언스 내비게이터로서 그러한 계기가 될 수 있는 다양한 길을 제시하기 위해 노력하고 있다. 가능한 한 많은 사람들이 수의 세계를 충분히 만끽하기를 바라는 마음이다.

수학은 재미있다. 동서고금, 수천 년에 걸쳐 사람들은 수학을 해왔다. '수학을 한다'라는 것은 언어로서의 수학을 만들어내는 것이고, 수학을 이용해서 주변 현상과 그 원리를 더 정확하게 해명하는 것이며, 새로운 문제를 찾아내어 그것을 해결하는 것이기도 하다.

일단 수와 도형의 세계로 깊이 발을 담근 사람들은 그 세계에서 발견되는 무궁무진한 문제에 마음이 이끌리게 된다. 그래서 해야 할 일도 잊고 먹고 자는 것도 잊은 채 수학 문제 풀이에 몰입하는 것이다. 이 세상에 이만큼 재미있는 수수께끼 풀이가 또 있을까? 우리는 흥분을 최고조에 이르게 하는 즐거움, 즉 수학이라는 이름의 게임을 발견한 것이다.

수학은 어렵다. 수학이라는 이 '게임'은 공략법을 파헤쳐갈수록 심오하고 흥미진진하다. 새로이 발견한 난제를 풀기 위해 더더욱 새로운 수학을 만들어낸다. 수학이란 그 시대 최고의 두뇌들이 최선을 다해 만들어낸 놀라운 지적 재산이라 할 수 있다.

수학의 어려움은 수학이 수천 년에 걸친 인류의 도전으로 이룩된 엄청나게 대단한 존재임을 말해준다. 하지만 정작 그런 사실은 잘 알려지지 않은 채 수학의 어려움만 부각되어왔다.

그동안 우리는 어렵다는 이유로 수학을 멀리 해왔던 것은 아닐까? 스포츠나 예술이 오히려 어렵기 때문에 계속 도전할 가치가 있음을 알고 있다. 수학도 똑같다. 수학은 왜 어려울까? 어떻게 하면 쉬워질까를 생각하기보다 그것이 왜 어려운가를 차근차근 알아가는 것이 중요하다.

수학은 아름답다. 수학의 세계를 여행하다 보면 그 빼어남, 아름다움에 감탄을 금할 수 없다. 수학의 세계는 이 세상의 것이라고는 생각할 수 없을 만큼 조화롭고 아름다운 세계다. 어려워도 포기하지 않고 인류가 수천 년에 걸쳐 쌓아올린 수학의 매력, 수학이 가진 아름다움을 생각할 때 수학은 지적 재산 이상으로 최고의 예술작품이라 할 수 있다.

수학은 유용하다. 수학에서 말하는 예술과 일반 예술의 가장 큰 차이점은 '개념'이다. 수와 도형(수학)은 개념이고, 색채와 감정(예술)도 개념이다. 개념은 우리가 머릿속으로 생각해낸 것이므로 그것은 사고 속에 존재한다. 그런데 수와 도형에는 색채와 감정과는 다른 결정적인 부분이 있다. 바로 모든 사람이 같은 개념을 떠올릴 수 있다는 것이다.

다른 사람과 개념을 비교하고 공유할 수 있다는 것은 경이로운 일이다. 그 덕택에 수학은 보편적인 언어가 되었고 전 세계로 퍼져나갈 수 있었다. 역사가 그것을 증명한다. 많은 학문, 예술, 상업, 제조업에서 숫자는 절대적인 위력을 발휘해왔다.

정말 재미있어서 밤새우게 만드는 것이 바로 수학이다. 하지만 너무도 거대하기에 수학을 혼자서 상대하기란 버거운 일이다. 누구라도 부담 없이 즐길 수 있도록 이 책이 여러분을 수의 세계로 안내해줄 것이다.

수학은 어디에서 왔을까?
역사를 돌아보면 수학의 위치가 보인다.
사람은 왜 수학을 할까?
마음속으로 먼저 이해해야 할 것은 그것.

계산은 여행,
이퀄이라는 레일을 수식이라는 열차가 달린다.

여행자에게는 꿈이 있다.
꿈을 찾아 떠나는 끝없는 계산 여행.
아직 못다 본 풍경을 담으러 오늘도 여행은 계속된다.

4차 산업혁명이 진행되고 있다는 요즘, 어른 아이 할 것 없이 책 대신 TV와 스마트폰에 시간을 빼앗겨 유튜브 동영상을 보며 잠드는 시대다. TV는 더 이상 바보상자가 아니라 많은 정보도 얻고, 힐링도 할 수 있는 도구이다. 또한 빅데이터 덕분에 나의 취향과 기호를 미리 파악하여 알려주는 유튜브는 좋은 음악과 명강의가 풍부한 보물창고가 되었다.

그러나 여기서 문제가 나타나기 시작한다. 어릴 때부터 동영상에 익숙해지면 인쇄된 책은 보기가 싫어진다. 특히 수학은 더욱 그러하다. 최근에는 대학수학도 혁신을 하면서 이러닝(e-learning)에서 웹러닝(web-learning)으로 바뀌어가고 있지만, 초등학교 때 정확하게 식을 쓰고 계산을 하면서 공부하는 학습법을 길들이지 못들이면 수학의 효능감이 낮아진다. 그러면 문자가 나오는 중학교 때, 미적분이 나오는 고등학교 때 수포자가 되기 쉽다. 수학의 '효능감'이란 한마디로 수학에 대한 친근함, 흥미, 자신감 등이라고 말할 수 있다. 그렇다면 수학과 친근해지기 위해 짧은 시간에 손쉽게 즐길 수 있는 수학놀이로 무엇이 좋을까?

미국의 어느 심리학자 연구에 의하면 부모가 자녀들과 수학에 관하여 관심을 가지고 이야기를 한 그룹과 하지 않는 그룹 사이에 수학성적의 차이가 났다고 한다. 부모가 수학 문제를 함께 풀자고 했을 때 좋아하는 아이들이 얼마나 될까? 오히려 역효과가 날 경우도 많다. 그보다는 자연스럽게 일상 속에서 호감을 가지고 대화를 했을 때 아이들의 무의식에 효능감이 서서히 자리 잡는 것이 아닐까?

이 책에서는 부모님들도 미처 알지 못했던 소소한 수학적 사실들이 흥미롭게 다가와서 자녀들과 함께 즐거움을 누릴 수가 있다. 여름에 볼 수 있는 꽃 해바라기에서 발견되는 황금각의 원인, 수·숫자·수치의 차이점, 1, 2, 3 … 9까지 9개의 숫자로 100을 만들 수 있는 수십 가지 계산법 등 다채로운 문제가 많다. 또 손에서 놓지 못하는 스마트폰의 잠금을 위상수학(topology)의 '한붓 그리기'로 활용하는 문제, 색종이 한 장으로 건물의 높이를 측정하는 문제, 금은세공에서 중요한 반지를 만들 때나 육상경기의 트랙을 만들 때 원주율의 필요함 등 생활 속에서 서서히 독자에게 수학의 필요성을 깨닫게 한다. 문제해결력에 강력한 자극제가 될 수 있는 퍼즐 문제를 하나씩 해결하다 보면 짧은 시간에 좌뇌를 깨울 수 있다. 이미지와 사운드의 데이터 압축에 사용되는 삼각함수를 구경하면서 복잡한 수식을 잠시 눈에 익히는 것만으로도 삼각함수가 조금은 가깝게 느껴질 것이다. 리만가설이라는 고등수학의 단계가 다소 어렵게 느껴진다면 거기까지만 읽어도 괜찮다. 하지만 리만이라는 이름을 듣는 것만으로도 못 들었던 학생과는 분명 차이가 있을 것이다.

중국 극동지방에 서식하는 '모소 대나무'라는 희귀종이 있다. 이 식물의 특이한 점은 4년이 지나는 동안 겨우 3cm밖에 못 자란다는 것이다. 더디 자라는 것을 보고 그만 파버리고 만다면 이 대나무의 성장력은 영영 잘려나가 버릴 것이다. 이 나무는 5년이 되면 하루에 30cm씩 급성장을 하여 무려 15m의 높이로 자라 거대한 대나무 숲을 만들기 때문이다. 이 책을 읽는 독자들도 이 희귀 대나무종과 같은 잠재력이 있을지도 모른다. 지금 당장은 수학 실력이 기대에 못 미친다고 조급해하지 말고 이 책과 함께 수학의 세계를 여행하면서 천천히, 그리고 즐겁게 창의력과 문제해결력을 기르길 바란다. 그 시간동안 저 모소 대나무처럼 깊고 넓게 뿌리를 뻗치게 될 것이다.

　이 책은 사쿠라이 스스무의 베스트셀러『재밌어서 밤새 읽는 수학 이야기』『초 재밌어서 밤새 읽는 수학 이야기』『초초 재밌어서 밤새 읽는 수학 이야기』에 이은 네 번째 시리즈다. 끊임없이 소재를 발굴하는 저자의 관찰력도 뛰어나지만 이 책을 꾸준히 사랑하는 독자들의 애정에 감수자로서 보람을 느끼며 박수를 보낸다. 이런 책을 꾸준히 읽다 보면 당장 눈에 보이는 성장이 없더라도 모소 대나무 같은 급성장의 날을 기대해도 좋을 것이다. 창의를 필요로 하는 21세기에 이 책을 통해 온 가족이 함께 수학을 즐기며 소중한 경험을 만들어보길 바라면서 감수의 글을 마친다.

계영희

(전 한국수학사학회 부회장, 현 고신대학교 유아교육과 교수)

PART 1 세상은 수학으로 이루어져 있다

PART 2 아주 유용한 수학 이야기

PART 3 재밌어서 밤새 읽는 놀라운 수학 이야기

PART
1

세상은
수학으로
이루어져 있다

해바라기 속에
감춰진
수열

 해바라기 꽃과 솔방울의 나선

평소 아무 생각 없이 바라보게 되는 식물. 아름답고 사랑스러운
꽃, 싱그러운 초록 잎, 바람에 흔들리는 나뭇가지들을 바라보며
힐링을 경험하는 사람도 많을 것이다. 그러한 자연미 속에도 수
의 비밀이 숨어 있다. 이제부터 식물의 세계에서 펼쳐지는 수의
세계를 엿보자.

커다란 꽃송이를 자랑하는 해바라기는 수천 개의 작은 꽃이
모여 하나의 꽃을 이룬다. 그런데 그 작은 꽃의 배열 방식에 놀
라운 수의 비밀이 숨어 있다. 작은 꽃의 배열을 잘 관찰해보면

시계 방향과 반시계 방향으로 나선형을 그리며 돌아나가고 있음을 확인할 수 있다.

다음 그림을 보자. 나선형 개수를 살펴보면 시계 방향으로 휘어진 것이 34개, 반시계 방향으로 휘어진 것이 55개다.

해바라기 이외에 다른 식물도 살펴보자. 소나무 열매인 솔방울도 나선형으로 이루어져 있다. 솔방울 비늘조각의 배열을 보면 시계 방향과 반시계 방향으로 휘어지는 나선형으로 이루어져 있으며, 잘 들여다보면 개수가 각각 13개, 8개임을 알 수 있다. 조금 더 자세히 보면 시계 방향으로 휘어지는 또 다른 나선

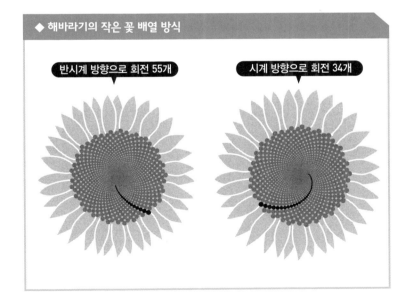

◆ 해바라기의 작은 꽃 배열 방식

반시계 방향으로 회전 55개

시계 방향으로 회전 34개

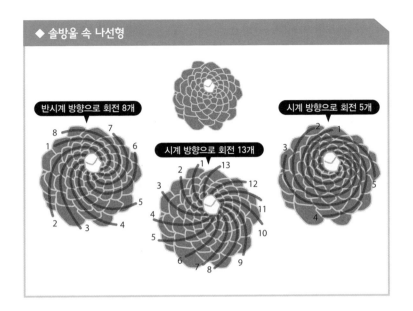

◆ 솔방울 속 나선형

반시계 방향으로 회전 8개

시계 방향으로 회전 13개

시계 방향으로 회전 5개

형 5개도 보인다.

흥미로운 것은 어느 해바라기든, 어느 솔방울이든 같은 수의 나선이 발견된다는 사실이다. 만일 주위에 해바라기나 솔방울이 있다면 꼭 확인해보기 바란다.

 식물은 규칙적으로 배열되어 있다

다음으로 식물의 잎이 어떻게 붙어 있는지 관찰해보자. 식물의 잎을 위에서 내려다보면 잎과 잎이 최대한 겹치지 않게 붙어 있음을 알 수 있다. 하나의 가지에 나선형 계단을 오르는 형태로 붙어 있으며 몇 장 간격으로 위아래 잎이 같은 선상에 위치한다. 그 간격은 5장마다, 8장마다, 13장마다, 21장마다……

지금까지 소개한 식물의 꽃, 열매, 잎차례에서 찾아낸 수를 정리해보자.

5, 8, 13, 21, 34, 55

언뜻 보기에 무작위로 나열한 수 같지만 여기에는 일정한 규칙이 있다. 무슨 규칙일까? 사실 여기에 나열한 수는 모두 '앞에 있는 두 수의 합'으로 이루어져 있다.

5+8=13, 8+13=21, 13+21=34, 21+34=55

그렇다면 5보다 작은 수를 생각해보자.

'□+5=8'이 되려면 □에는 3이 들어간다. 마찬가지로 '□+3=5'가 되려면 3앞에는 2가 들어간다는 사실을 알 수 있다. 이렇게 계속 더해나가다 보면 일정한 규칙에 따라 배열된 수의 열, 즉 '수열'이 생긴다.

1, 1, 2, 3, 5, 8, 13, 21, 34, 55, 89, 144, 233……

이 수열은 이것을 발견한 12세기 이탈리아의 수학자 피보나치의 이름을 따서 '피보나치 수열'이라 불린다.

레오나르도 피보나치
(Leonardo Fibonacci, 1170경~1250경)

피보나치 수열과 황금비율

1과 1에서 시작하여 '1, 1, 2, 3, 5, 8, 13, 21, 34, ……' 이렇게 앞의 두 수를 차례로 더하여 완성된 수열이 피보나치 수열이다. 피보나치 수열은 나무의 가지가 분화되는 과정에서도 발견할 수 있다.

이 피보나치 수열에는 어떤 비밀이 하나 숨어 있다. 무엇일까?

'뒤에 있는 수가 앞에 있는 수보다 몇 배 큰가'에 대해 알아보기로 하자. '뒤의 수÷앞의 수'를 계산하면 다음과 같다.

$1 \div 1 = 1$

$2 \div 1 = 2$

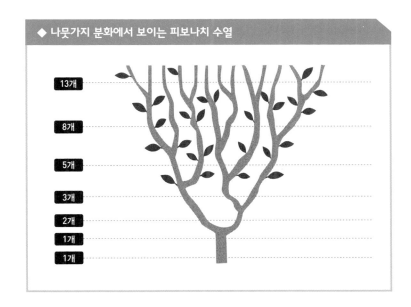

$3 \div 2 = 1.5$

$5 \div 3 = 1.666 \cdots$

$8 \div 5 = 1.6$

$13 \div 8 = 1.625$

$21 \div 13 = 1.615 \cdots$

$34 \div 21 = 1.619 \cdots$

$55 \div 34 = 1.617 \cdots$

$89 \div 55 = 1.618 \cdots$

$144 \div 89 = 1.617 \cdots$

233÷144=1.618…

이 계산을 통해 서로 이웃하는 두 수의 나눗셈(다음 수÷앞의 수)의 몫이 '1.618……'이라는 하나의 수로 귀결된다는 사실을 알 수 있다.

피보나치 수열에서 233다음에 오는 수는 '144+233'을 계산한 값, 즉 377이다. 이런 방식으로 계산을 되풀이해서 수열을 더 생성해보자.

233+377=610

377+610=987

610+987=1597

그런 다음 이 수도 이웃한 수로 나누어보자.

377÷233=1.618…

610÷377=1.618…

987÷610=1.618…

1597÷987=1.618…

분명 '1.618……'이 된다. 이 수 '1.618……'을 '황금비(율)'라 부르며 φ(파이)라는 그리스 문자로 나타낸다. 이 황금비(율)가 바로 식물에서 발견되는 피보나치 수열의 수수께끼를 풀어줄 열쇠다.

황금비와 황금각

피보나치 수열(1, 1, 2, 3, 5, 8, 13, ……)의 서로 이웃하는 두 수의 비는 점차 '1:1.6180339887……'에 가까워진다. 이 비율을 황금비라 부른다. 그렇다면 실제로 선분을 황금비로 나누어보자. 선분을 둥글게 구부려 360도인 원을 만든다고 생각해보자.

이 원을 황금비로 나누었을 때 원주 부분 중 1에 해당하는 각은 137.5077……도(이하 137.5로 표기한다)가 된다. 이 각도는 원주 전체를 황금비로 나누어주는 각도이므로 '황금각'이라 부른다.

실제로 이 황금각이 해바라기를 아름답게 꽃피우는 열쇠를 쥐고 있다. 해바라기 꽃은 작은 꽃의 집합체다. 중심에서 바깥을 향해 꽃이 달린다. 한가운데에 맨 첫 번째 꽃이 달리고, 다음 꽃은 여기에서 조금 떨어진 자리에 생긴다.

그다음 꽃은 26쪽의 그림처럼 '137.5도 회전한 곳에서 조금 떨어진 자리'에 달린다. 또 거기서 137.5도 회전하여 다시 조금

◆ 피보나치 수열 속 황금비율

피보나치 수열

| 1 |

$\times$ 1.0000000000······

| 1 |

$\times$ 2.0000000000······

| 2 |

$\times$ 1.5000000000······

| 3 |

$\times$ 1.6666666666······

| 5 |

$\times$ 1.6000000000······

| 8 |

$\times$ 1.6250000000······

| 13 |

$\times$ 1.6153846153······

| 21 |

$\times$ 1.6190476190······

| 34 |

$\times$ 1.6176470588······

| 55 |

$\times$ 1.6181818181······

| 89 |

$\times$ 1.6179775280······

| 144 |

$\times$ 1.6180555555······

| 233 |

$\times$ 1.6180257510······

| 377 |

$\times$ 1.6180371352······

| 610 |

$\times$ 1.6180327868······

| 987 |

$\times$ 1.6180344478······

| 1597 |

정정 황금비율
1.6180339887······에
가까워진다!

PART 1

024

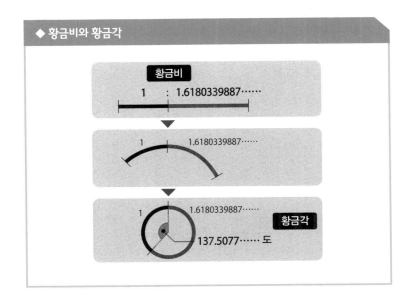

◆ 황금비와 황금각

황금비
1 : 1.6180339887······

1   1.6180339887······

1   1.6180339887······
황금각
137.5077······ 도

떨어진 자리에 그다음 꽃이 달린다. 이러한 방식으로 계속해서 시계 방향과 반시계 방향으로 돌면서 나선형으로 꽃이 메워진다.

이것이 빈틈없이 빽빽하게 꽃이 달리는 원리다. 만일 137.5도에서 1도라도 벗어나면 틈새가 벌어져 꽃이 꽉 들어차지 못한다. 해바라기는 작은 꽃을 매우 효율적으로 배열한 셈이다. 이와 같이 137.5도라는 각도가 해바라기 꽃의 비밀이다.

해바라기는 황금각을 통해 많은 꽃을 맺어서 많은 씨앗, 즉 자손을 남기고 있다. 피보나치 수로 엮여 있는 '자연미'와 '수의 세계'. 식물은 생존을 위해, 또 그 씨앗을 남기기 위해 이렇게

◆ 해바라기 꽃은 황금각에 맞춰 줄지어 핀다

계속해서 이어지면……

효율적인
방식으로
줄지어
피어나는구나

아름다운 규칙을 감추고 있었다.

'이처럼 만물의 근원에는 수의 비밀이 감추어져 있지 않을까?' 길가의 작은 풀꽃이 눈에 띌 때마다 드는 생각이다.

수학적 사고 능력을 위한 퀴즈

 ## 수학 퀴즈에 도전!

"수학적 사고 능력을 키우고 싶어요!" 문과 학생이나 직장인들이 종종 하는 이야기다. 이어서 "그러려면 어떻게 해야 할까요?" 하고 묻는다.

이들이 그렇게 묻는 이유는 '성적을 올리고 싶다', '업무를 좀 더 효율적으로 하고 싶다', '논리적인 사고를 하고 싶다' 등과 같은 절실함이 있기 때문일 것이다. 분명 공부에서나 일에서나 수학 능력은 핵심이다. 수학적인 사고법을 익히기 위해서는 무엇보다 발상의 전환이 가장 중요하다. 그래서 그것을 연습하는 데

최적인 퀴즈를 준비했다. 수학 능력을 향상시키기 위해, 그리고 두뇌 체조를 위해 부디 즐기면서 풀어보기 바란다.

■ 24장짜리 우표 전지를 낱장으로 만들려면?

Q. 가로 6장, 세로 4장으로 된 24장짜리 우표 전지가 있다. 이 전지의 우표를 모두 낱장으로 분리하려면 최소한 몇 번 잘라야 할까? 이때 우표를 포개어 한꺼번에 자를 수는 없다.

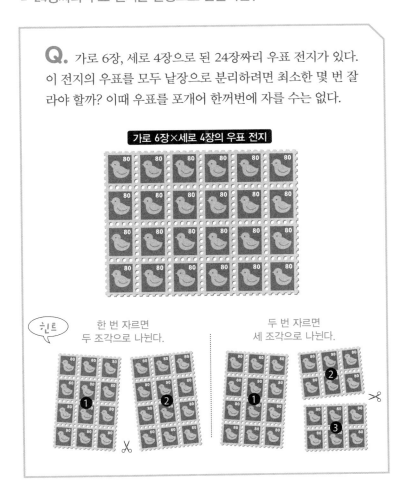

세상은 수학으로 이루어져 있다

A. 23회

'맨 처음에 어떻게 잘라야 할까? 가로로 아니면 세로로 잘라야 할까?' 하고 '자르는 방법'에 대해 이리저리 궁리해보는 사람이 많을 것이다. 그런데 이 문제의 핵심은 자르는 방법이 아니다.

우표 전지를 한 번 자르면 한 장의 전지는 둘로 나뉜다. 한 번 더 자르면 셋으로, 또 한 번 자르면 넷으로 나뉜다. 즉 우표 전지를 한 번 자를 때마다 조각은 하나씩 늘어난다. 다시 말해 우표 전지를 모두 낱장으로 만들기 위해서는 '우표의 장수보다 하나 적은 수'로 잘라야 함을 알 수 있다. n장의 우표 전지를 모두 낱장으로 분리하기 위해서는 자르는 방법과 무관하게 'n−1번' 자르면 된다.

따라서 우표 24개를 모두 낱장으로 만들려면 24−1, 즉 23회 자르면 된다.

■ 시합은 모두 몇 번 치르게 될까?

Q. 8개 팀이 토너먼트 방식으로 경기를 치르는 축구 대회가 있다. 이 대회에서 우승팀이 결정되기까지 시합은 총 몇 번 치러질까? 단 부전승으로 통과하는 팀은 없다고 치자.

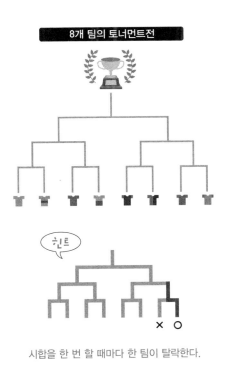

시합을 한 번 할 때마다 한 팀이 탈락한다.

A. 7번

앞의 문제와 같은 방식으로 생각하면 된다.

토너먼트전에서는 시합이 한 번 치러질 때마다 한 팀이 탈락한다. 우승팀 이외의 7개 팀은 어느 시합에서든 한 번은 반드시 탈락하게 되므로 전체 시합의 횟수는 참가한 팀의 수보다 하나 적은 수가 된다는 사실을 알 수 있다. 즉 n개 팀이 치르는 토너먼트전의 전체 시합 횟수는 그 대전의 조합이 어떠하든 n−1이 된다.

따라서 8개 팀이 토너먼트전을 벌일 때 시합의 횟수는 8−1이 되므로 시합은 총 7번 치러진다.

■ 쾨니히스베르크의 다리와 한붓 그리기

Q. 18세기 초 프로이센의 옛 도시 쾨니히스베르크에 프레겔강이라는 큰 강이 흐르고 있었는데 거기에는 다리가 7개 놓여 있었다. 이 다리 7개를 각각 한 번씩 건너서 원래 자리로 되돌아오는 것이 가능할까? 단 출발지점은 어디가 되든 상관 없다.

건너편 물가에 도달하려면 한 번, 원래 있던 자리로 되돌아오는 데 한 번 다리를 건너야 한다.

힌트 다리를 건너는 길을 따라 한붓 그리기가 가능한지를 생각한다.

A. 불가능

이것은 잘 알려진 '쾨니히스베르크의 다리 건너기' 문제다.

사실 '다리를 한 번씩 건넌다'는 것은 '한붓 그리기가 가능한 가'를 묻는 문제와 같다. 레온하르트 오일러는 1741년에 발표한 논문에서 이 문제를 '물가나 가운데의 모래사장을 점으로, 다리를 변으로 하는 도형은 한붓 그리기가 가능한가'라는 형태로 정식화하고, 한붓 그리기가 불가능하다는 사실, 즉 '7개의 다리를 한 번씩 건너서 원래 자리로 되돌아오기는 불가능하다'는 점을 명쾌하게 밝혀냈다.

레온하르트 오일러
(Leonhard Euler, 1707~1783)

만일 도형을 한붓 그리기로 그릴 수 있다면 시작점과 끝점 이외의 점에서는 붓이 반복해서 나왔다가 들어가게 되므로 선은 짝수 개가 되어야 한다.

다음의 그림은 쾨니히스베르크의 지도를 간략히 나타낸 것이다. 그림 속 4개의 점 A, B, C, D를 보면 어느 점에서나 홀수 개의 선이 나온다. 따라서 한붓 그리기는 불가능하다. 즉 다리 7개를 한 번씩 건너서 원래 자리로 되돌아올 수는 없다는

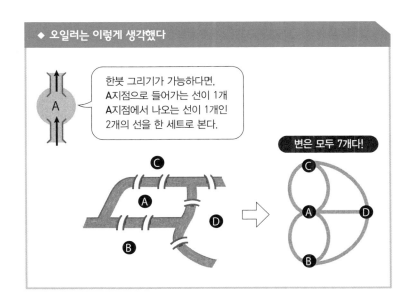

한붓 그리기가 가능하다면,
A지점으로 들어가는 선이 1개
A지점에서 나오는 선이 1개인
2개의 선을 한 세트로 본다.

변은 모두 7개다!

뜻이다.

　참고로 오일러의 생일은 4월 15일인데, 2013년의 이날 구글 메인 페이지의 로고는 오일러의 탄생 306주년을 기념하기 위한 것이었다. 오일러의 공식 등 그의 공적을 기리는 일러스트 가운데 이 '쾨니히스베르크의 다리'도 포함되어 있었다.

▪ 스마트폰의 잠금도 한붓 그리기로

마지막으로 점과 선에 대한 문제를 내겠다. 최근 스마트폰은 9개의 점을 이용해서 잠금을 걸게 되어 있다. 이 9개의 점에 대한 퀴즈다. 오일러가 그랬던 것처럼 발상의 전환을 해보자.

Q. 3×3으로 늘어선 점 9개를 4개의 직선이 모두 지나도록 한붓 그리기 하는 것이 가능할까? 또 직선 3개나 직선 1개만으로도 한붓 그리기가 가능할까?

- 9개의 점을 직선으로 연결하려면?

4개, 3개, 1개
의 직선으로 한붓 그리기가 가능할까?

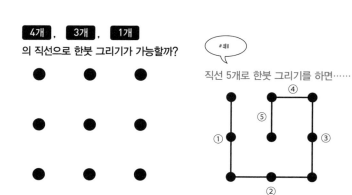

직선 5개로 한붓 그리기를 하면……

A.

4개일 때

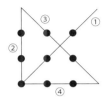

3개일 때

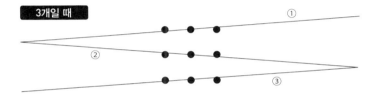

1개일 때

1개의 굵은 선으로
점 9개를 한 번에
덮어 쓴다.

세상은 수학으로 이루어져 있다

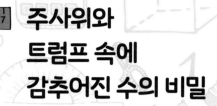

주사위와
트럼프 속에
감추어진 수의 비밀

어린 시절 가볍게 가지고 놀 수 있는 주사위와 트럼프 게임에 열중했던 사람이 많을 것이다. 그런데 이러한 게임 속에도 수의 비밀이 감추어져 있다. 여기서 그 내용을 소개하기로 한다.

 같은 수의 눈은 나오기 어렵다?

아빠와 아들이 주사위를 가지고 게임을 즐기고 있다.

　　📷 **아빠** 아빠가 퀴즈 하나 낼게. 주사위 하나를 두 번 던졌을

때 각각 어떤 수가 나올지 맞혀볼래?

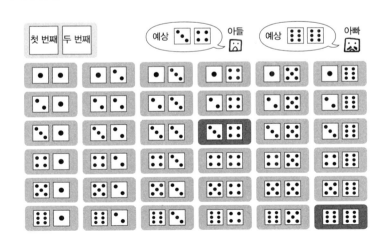 아들 음……. 나는 첫 번째는 3, 두 번째는 4가 나올 것 같아요.

아빠 어디 보자, 아빠는 두 번 다 6이 나올 것 같아.

아들 같은 수가 두 번 나오는 게 어디 쉽겠어요? 3하고 4가
나오기가 더 쉽죠.

여러분은 어떻게 생각하는가? 같은 수가 나오는 게 정말 그렇
게 어려운 일일까? 첫 번째와 두 번째에 나올 '경우의 수'를 생
각해보면 된다. 표를 이용해 확인해보자.

다음의 표를 보자. 결과를 보면 총 36가지(6×6)가 있음을 알

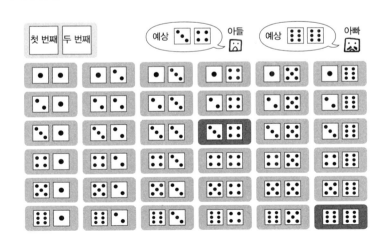

◆ 주사위를 던져서 나올 경우의 수

수 있다. 이 중에서 아버지가 예상한 '6, 6'과 아들이 예상한 '3, 4'는 모두 한 번씩 등장한다. 따라서 아버지와 아들이 예상한 주사위의 숫자가 나올 가능성은 같다고 볼 수 있다. 같은 수가 나오기 어렵다고 한 아들의 생각은 틀린 셈이다.

이런 경우 수학에서는 "6, 6이 나올 확률과 3, 4가 나올 확률은 모두 36분의 1로 같다"라고 말한다. 여기서 '확률'이란 '어떤 현상이 일어나는 정도' 또는 '가능성의 크고 작음을 나타내는 수치'를 뜻한다.

그렇다면 좀 더 횟수를 늘려서 주사위를 열 번 던졌다고 가정하면 어떨까? 이때 주사위가 열 번 모두 6이 나올 것이라고 예상하기에는 왠지 자신감이 더 떨어진다.

하지만 첫 번째가 3이고 두 번째가 5…… 등과 같이 무작위로 '3, 5, 1, 4, 5, 6, 6, 2, 2, 4'의 눈이 나올 가능성과 '6'이 열 번 연달아 나올 확률은 동일하다.

주사위를 열 번 던졌을 때 나올 수 있는 수는 전부 6,046만 6,176개(6×6×6×6×6×6×6×6×6×6)이므로 확률은 양쪽 모두 6,046만 6,176분의 1이다.

물론 '6'이라는 눈이 열 번 이어서 나온다면 신기하다는 생각이 들겠지만 '3, 5, 1, 4, 5, 6, 6, 2, 2, 4'라는 눈이 나오는 것 또한 가능성 면에서는 똑같이 신기한 일이다.

포커 최강의 패 '로열 스트레이트 플러시'

트럼프로 하는 게임 중에 포커라는 것이 있다. 카드 5장을 조합하여 패를 만들고, 어느 패가 제일 강한지 승부를 겨루는 게임이다. 여기서 제일 강한 패가 '로열 스트레이트 플러시'다. 이 패는 10, 잭(J), 퀸(Q), 킹(K), 에이스(A), 이렇게 5장의 조합으로 모두 같은 모양이어야 한다.

이 로열 스트레이트 플러시가 최강의 패라는 것은 모든 패 가운데 가장 나오기 어려운, 즉 나올 확률이 가장 낮은 패임을 뜻한다.

그렇다면 로열 스트레이트 플러시가 나올 확률을 계산해보자.

그 확률은 '로열 스트레이트 플러시를 이루는 카드의 조합 수'를 '카드 5장의 조합 수'로 나누면 구할 수 있다.

그렇다면 '카드 5장의 조합의 수'를 살펴보자. 먼저 조커를 제외한 52장의 트럼프에서 5장을 뽑았을 때 나올 수 있는 경우의 수를 구한다. 카드를 5장 뽑았을 때 나올 경우의 수는, 첫 번째 카드는 52장 가운데 1장, 두 번째 카드는 51장 가운데 1장······ 이렇게 해서 전부 3억 1,187만 5,200가지(52×51×50×49×48)가 된다.

그런데 여기에는 카드의 조합은 같은데 나오는 순서가 다를 경우가 포함되어 있다. 어떤 카드를 먼저 뽑든지 최종적으로 같

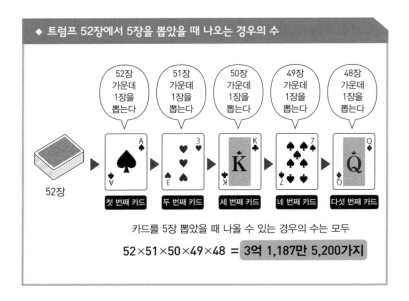

◆ 트럼프 52장에서 5장을 뽑았을 때 나오는 경우의 수

52장 가운데 1장을 뽑는다

51장 가운데 1장을 뽑는다

50장 가운데 1장을 뽑는다

49장 가운데 1장을 뽑는다

48장 가운데 1장을 뽑는다

52장

첫 번째 카드 두 번째 카드 세 번째 카드 네 번째 카드 다섯 번째 카드

카드를 5장 뽑았을 때 나올 수 있는 경우의 수는 모두

$52 \times 51 \times 50 \times 49 \times 48 =$ 3억 1,187만 5,200가지

은 카드를 쥐고 있다면 그것은 동일한 패다. 그러므로 이 경우를 제외하고 생각해야 한다.

예컨대 위의 그림과 같은 조합(♠A, ♥3, ♣K, ♠7, ◆Q)으로 카드를 뽑았다고 가정하자. 이 5장 가운데 1장, 나머지 4장 가운데 1장…… 하는 식으로 생각하면 5×4×3×2×1로 그 수를 구할 수 있다.

즉 맨 처음에 구한 '트럼프 52장 가운데 5장을 뽑았을 때 나올 경우의 수' 중에서 '카드의 조합은 같되 나오는 순서만 다른 경우'가 한 세트의 카드 조합당 120가지(5×4×3×2×1) 포함되어 있

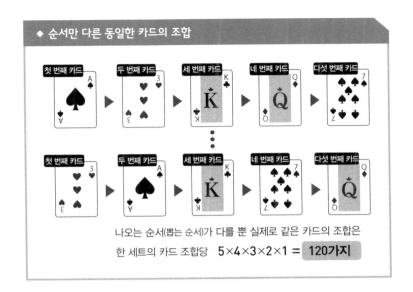

◆ 순서만 다른 동일한 카드의 조합

나오는 순서(뽑는 순서)가 다를 뿐 실제로 같은 카드의 조합은
한 세트의 카드 조합당 $5 \times 4 \times 3 \times 2 \times 1 = $ 120가지

으므로 이 경우를 제외하고 생각해야 하는 것이다.

'카드 5장의 조합의 수'는 '52장의 트럼프에서 5장을 뽑았을
때 나올 경우의 수÷카드의 조합은 같되 나오는 순서만 다른 경
우의 수'로 구할 수 있다.

이것을 계산하면 카드 5장의 조합은 259만 8,960가지(311,875,200
÷120)가 나온다. 포커에는 실로 약 260만 가지나 되는 카드의
조합이 있음을 알 수 있다.

이 가운데 로열 스트레이트 플러시가 되는 카드의 조합은 단
4가지뿐이다. 즉 52장의 카드 중 5장을 뽑았는데 그것이 로열

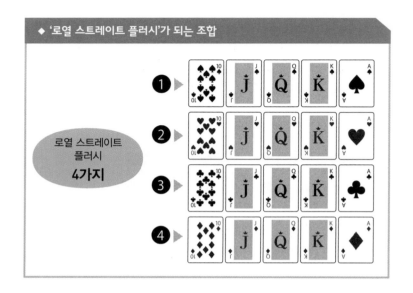

◆ '로열 스트레이트 플러시'가 되는 조합

로열 스트레이트
플러시
4가지

스트레이트 플러시가 될 확률은 259만 8,960분의 4다.

다시 말해 로열 스트레이트 플러시는 64만 9,740번(2,598,960÷ 4), 즉 약 65만 번에 한 번 꼴로밖에 나오지 않는다는 뜻이다.

만일 여러분이 지금까지 로열 스트레이트 플러시를 뽑은 적 이 있다면 보통 운이 좋은 사람이 아닌 것이다.

상품개발도
원주율로 한다고?

 ## 우리의 삶을 지탱해 주는 '원'

원이란 무엇일까? 이 물음을 떠올릴 때면 하나의 풍경이 스쳐 지나간다. 바로 인류의 장대하면서도 힘찬 도전의 모습이다.

원이란 '어느 한 점에서 일정한 거리에 있는 점들의 집합'이다. 이 '한 점'이 원의 중심이며 '일정한 거리'에 해당하는 길이가 반지름이다. 그리고 원형을 이루는 곡선을 원주라고 한다. 지름은 원의 중심을 지나 원주 상에 양끝이 맞닿은 선분을 말한다. 즉 지름은 반지름 길이의 두 배다.

원주의 길이와 지름의 길이의 비를 수로 나타낸 것을 원주율

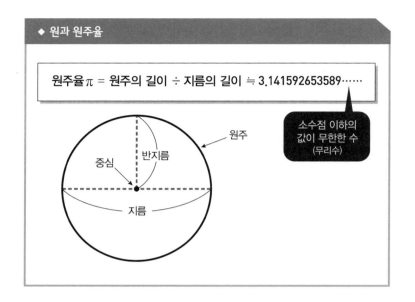

◆ 원과 원주율

원주율 π = 원주의 길이 ÷ 지름의 길이 ≒ 3.141592653589······

소수점 이하의 값이 무한한 수 (무리수)

원주

반지름

중심

지름

이라고 한다. 원주율은 '원주의 길이÷지름의 길이'로 구할 수 있다.

원의 중요한 성질 중 하나로 '원의 크기에 상관없이 원주와 지름의 비(원주율)가 일정하다'라는 점을 꼽을 수 있다. 따라서 원주율은 상수 즉, 변하지 않고 항상 일정한 값을 갖는 수에 속하며 기호 π로 표시한다. 원주율은 소수점 이하의 값이 무한한 수(무리수)다.

돈, 반지, 시계, 그릇, 형광등, 타이어, 공······. 이렇듯 우리의 삶 곳곳에는 다양한 '원'이 포진해 있다.

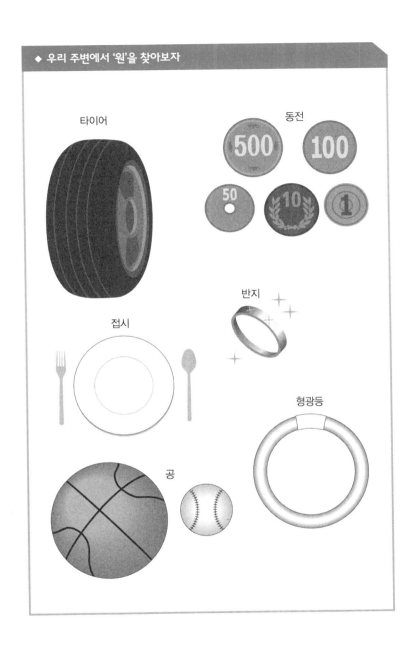

타이어

동전

반지

접시

형광등

공

우리 생활 속에서 없어서는 안 될 원이라는 형태. 그리고 무한한 값을 갖는 원주율. 하지만 상품이나 제품을 만들 때 무한한 값을 적용할 수는 없다. 이때 필요한 것이 원주율의 정밀도다. 우리는 원주율을 목적에 맞게 이용하면서 원이 주는 혜택을 풍요롭게 누리고 있다.

그렇다면 실제로 원주율이 얼마나 정밀한 값으로 쓰이고 있는지 알아보기로 하자.

 원주율은 실제로 어느 범위까지 쓰이고 있을까?

나는 요코하마 국립대학의 네가미 세이야(根上生也) 교수와 함께 NHK의 한 수학을 지도하는 프로그램에서 원주율이 우리 사회에서 어떻게 쓰이고 있는지 확인해보았다.

3.141592653589793.

이것은 일본의 소행성 탐사위성 '하야부사'에 프로그래밍되어 있는 소수점 이하 15자리 원주율 값이다. 우주항공연구개발기구(JAXA)는 3억㎞에 이르는 우주여행을 마치고 무사귀환 하는 데 사용하는 원주율의 자릿수를 소수점 이하 15자리로 정했다. 원주율을 소수점 이하 두 자리로 하여 3.14를 적용하면 15만㎞나 되는 궤도 오차가 발생한다고 한다.

이 프로그램에서는 그밖에 반지 제작공방에서는 소수점 이하 두 자리, 포환 공장에서는 소수점 이하 9자리, 육상 경기장의 트랙은 소수점 이하 4자리를 쓰는 것으로 규정하고 있으며 타이어 제조사에서는 기업비밀이라는 이유로 그들이 사용하는 원주율 자릿수를 공개하지 않았다는 내용 등을 소개했다.

요컨대 제조업 분야에서는 정밀도가 굉장히 민감하고 중요한 사안임을 알 수 있었다. 경쟁이 치열한 기업 입장에서 원주율은 상품의 완성도를 좌우하는 대단히 중요한 값이다.

프랑스의 수학자 푸앵카레는 이렇게 말했다.

만일 수학의 본질을 한마디로 짧게 정의한다면 그것은 무한에 대한 과학이라고 해야 할 것이다.

우리 자신은 유한한 존재이기에 유한한 대상밖에 다루지 못한다. 제아무리 수다스러운 사람일지라도 일생 동안 10억 단어 이상의 말을 하지는 못한다.

앙리 푸앵카레(Henri Poincare, 1854~1912)

우리는 π 속에서 유한한 존재인 인간이 과감하게 무한에 도전하는 모습을 찾아볼 수 있다.

인류는 미지의 영역에 끊임없이 맞서는 과학이라는 도전을 지속해왔는데, 그 도전을 지탱해준 것이 바로 수천 년에 걸쳐 축적되어온 장대한 유산, 수학이다. 인류는 무한한 값 π를 손에 쥐고 마이크로 세계로, 그리고 장대한 우주 세계로 뻗어나가는 여정 중에 있다.

색종이로
건물이나 나무의
높이를 재어보자

 측량도구 없이 높이를 재는 방법

손이 닿지 않는 곳, 예컨대 높은 건물이나 나무의 높이를 재려면 어떻게 해야 할까? 물론 이러한 경우 계측기나 자의 길이로는 절대적으로 부족하다.

일본 에도시대 때 독자적으로 개발한 수학을 '와산(和算)'이라고 하는데, 와산에 대한 책인 『진겁기(塵劫記)』(126~131쪽 참조)에 그 답이 실려 있다. 필요한 것은 종이 한 장이 전부다. 이것만 있으면 아무리 높은 건물이라도 높이를 측정할 수 있다.

『진겁기』에 수록된 문제를 한번 살펴보자.

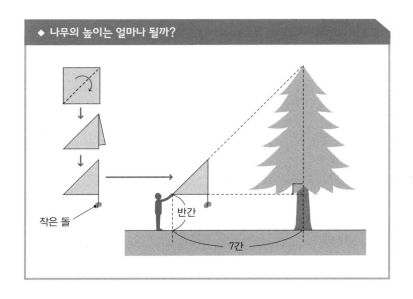

◆ 나무의 높이는 얼마나 될까?

작은 돌

반간

7간

　　정사각형의 종이를 대각선으로 접어 삼각형을 만든다. 여기
에 작은 돌을 매달아 늘어뜨리고 삼각형의 높이에 해당하는 변
이 지면과 수직이 되도록 유지하면서 빗변의 연장선상이 나무
의 정점을 지나는 위치까지 이동한다. 이 위치가 나무에서 7간
(1間, 1간은 여섯 자로 약 182㎝에 해당함-옮긴이) 떨어져 있었다면 나
무의 높이는 몇 간일까? 단 종이는 지면에서 0.5간(약 90.9㎝) 떨
어진 높이에서 들고 있었다고 치자.

　　이것은 기하학의 '닮음'이라는 성질을 이용한 문제다. '정사각
형 종이를 반으로 접는다'는 말은 '직각이등변삼각형을 만든다'

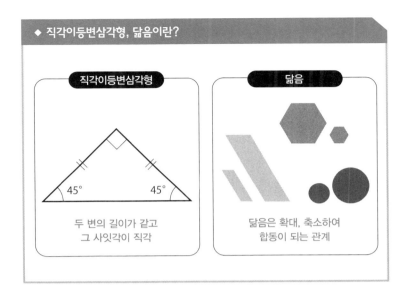

◆ 직각이등변삼각형, 닮음이란?

직각이등변삼각형	닮음
두 변의 길이가 같고 그 사잇각이 직각	닮음은 확대, 축소하여 합동이 되는 관계

는 뜻이다. 이것을 알아차리느냐가 문제의 핵심이다.

이쯤에서 잠시 학교에서 배웠던 수학용어를 짚어보고 가자. 직각이등변삼각형이란 '두 변의 길이가 같고 그 사잇각이 직각인 삼각형'을, 닮음이란 '확대 또는 축소하여 합동이 되는 관계에 있는 도형'을 말한다.

그렇다면 다음 그림을 참조하여 풀이법을 확인해보자.

접은 종이를 삼각형 ABC, 종이를 잡은 손(A)과 같은 선상에 있는 나무기둥의 지점(D), 나무의 정점(E)을 이은 삼각형을 삼각형 ADE, 그리고 나무의 밑동을 H라고 하자.

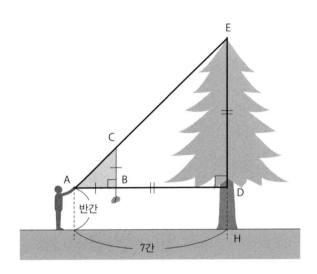

직각이등변삼각형에서는
직각을 이루는 두 변의 길이가 같으므로
DE = DA = 7

나무의 높이는
EH = DE + DH
    =7 + 0.5
    =7.5

들고 있는 종이와
지면 사이의 높이를
잊지 말 것!

따라서 7.5간

삼각형 ABC는 정사각형을 반으로 접은 도형이므로 직각이등 변삼각형이다. 삼각형 ABC와 삼각형 ADE는 닮음 관계에 있으 므로 삼각형 ADE도 직각이등변삼각형이다.

삼각형 ADE는 직각이등변삼각형이므로 DE와 DA는 길이가 같다. 따라서 DE의 길이는 7간이다.

나무의 높이(EH)는 DE+DH이므로 7+0.5, 즉 7.5간이다.

그럼, 여기서 문제를 하나 풀어보자.

Q. 도쿄의 스카이트리로 무대를 옮겨보자. 앞선 문제와 같 은 방법으로 색종이를 들고 스카이트리의 정점이 정확히 색 종이 빗변의 연장선상에 보이는 자리까지 이동했다. 이곳은 스카이트리에서 얼마나 떨어져 있을까?
색종이는 지면에서 1.5m 떨어진 높이에서 들고 있으며 스 카이트리의 높이는 634m다.

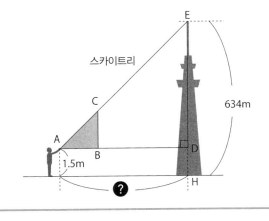

A. 632.5m

삼각형 ADE는 직각이등변삼각형이므로 DE와 DA는 길이가 서로 같다.

DE는 EH(스카이트리 전체 높이)에서 DH를 뺀 값이므로 634-1.5=632.5가 된다.

로그,
항해자들을 위해 만든
신의 언어

 ## 소수점과 로그를 만들어낸 네이피어

1in(인치)=2.54cm, 정상 체온 36.5도, 원주율 π=3.1415······.

이처럼 소수는 우리 일상에 흔히 사용되는 수의 표현방법이
다. 유럽에서 이 사고법을 제일 처음 제창한 사람은 네덜란드의
수학자 시몬 스테빈이다.

시몬 스테빈
(Simon Stevin, 1548~1620)

스테빈의 소수 표기법은 현재 우리가 쓰는 것과 다르다. 예컨대 3.1415를 스테빈은 3⓪1①4②1③5라고 표기했다.

우리가 사용하는 소수점 '.'에 의한 표기법을 고안한 사람은 스테빈과 동시대를 살았던 영국 스코틀랜드의 수학자 존 네이피어다.

존 네이피어
(John Napier, 1550~1617)

네이피어는 천문학에 필요한 방대한 계산을 손쉽게 수행할 수 있도록 '로그'라는 새로운 계산법을 고안한 것으로 유명하다. 그는 성주로서 맡은 역할을 완수하는 한편, 수학에 지속적으로 관심을 가졌는데 놀랍게도 44세에 로그 연구를 시작했다.

소수점은 바로 로그라는 계산방법을 생각하는 과정에서 탄생했다. 이는 수학계뿐 아니라 당시 사회에 커다란 공적으로 남게 되었다.

 곱셈을 덧셈으로 바꾸는 로그

그렇다면 로그가 어떤 발상으로 만들어졌는지 간단히 알아보자.

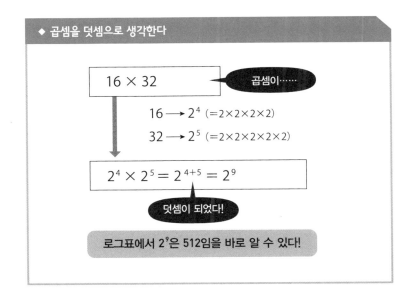

◆ 곱셈을 덧셈으로 생각한다

16×32

곱셈이……

$16 \longrightarrow 2^4 \ (=2\times2\times2\times2)$

$32 \longrightarrow 2^5 \ (=2\times2\times2\times2\times2)$

$$2^4 \times 2^5 = 2^{4+5} = 2^9$$

덧셈이 되었다!

로그표에서 2^9은 512임을 바로 알 수 있다!

예컨대 16×32는 각각 2를 4회, 5회 곱한 수이므로 모두 2를 9회(4회+5회) 곱한 수라고 생각한다. 이때 등장하는 것이 로그표라 불리는 수표다.

2를 곱한 횟수와 그 값을 미리 표로 만들어두면 그 표만 보고도 2를 9회 곱한 수가 512임을 쉽게 알 수 있다. 즉 로그표를 이용하면 '2를 곱한 횟수의 합'을 가지고 곱을 구할 수 있다. 바꿔 말하면 곱셈이 덧셈으로 변환되어 계산이 편리해진다.

이 계산방법은 로그표의 완성도에 따라 사용의 편리함 정도가 달라진다. 2를 곱한 횟수를 미리 계산하여 표로 정리해두는 것이 중요하다.

네이피어는 로그표를 오롯이 혼자서, 그것도 20년이라는 긴 시간을 들여 완성했다. 그리고 64세 때 『경이적인 로그법칙의 기술』이라는 책을 통해 이 로그표를 발표하였다.

로그 계산 과정에서 탄생한 소수점

네이피어가 살았던 16~17세기 유럽은 대항해시대였다. 천문학은 항해에 없어선 안 될 학문이었는데 문제는 거기에 등장하는 큰 수와 복잡한 계산이었다. 로그를 사용하면 천문학적 계산을 손쉽게 바꿀 수 있다. 하지만 일반 사람들은 로그 자체를 잘 이해하지 못했다.

그러던 중 네이피어의 발상에 충격을 받은 인물이 등장했다. 바로 영국의 수학자 헨리 브리그스(Henry Briggs)다. 그는 곧바로 네이피어를 찾아가 함께 연구하기 시작했다. 그렇게 완성된 것이 오늘날 상용로그(10을 몇 번 곱할까를 생각한 로그)의 기원이 되는 로그였다. 상용로그는 $\log_{10}N$과 같이 밑을 10으로 하는 로그인데, 이는 인류가 십진법을 기반으로 발전해왔기 때문에 다른 로그와 구분하기 위하여 사용한다. 흔히 10을 생략하여 $\log N$으로 나타낸다. 브리그스는 네이피어의 뜻을 계승하였고 로그는 전 세계 사람들의 천문학적 계산을 돕는 역할을 하게 되었다.

로그의 또 다른 이름인 'logarithm(로가리듬)'은 네이피어가 만든 조어로 그리스어인 logos(신의 언어)와 arithmon(수)을 합성한 말이다.

'신의 언어로서의 수'라는 의미로 이름 붙여진 '로그'라는 말에는 천문학자와 뱃사람을 돕고자 했던 네이피어의 바람이 담겨 있었다. 그리고 로그의 계산 과정에서 소수점 '.'을 고안한 것이다.

이리하여 인류는 17세기가 되어 비로소 소수점 '.'을 사용하게 되었다. 천문학을 발전시켜 별을 추적해온 인류가 소수점과 만나기까지는 실로 긴 세월이 필요했다.

이런 생각을 하며 하늘을 올려다보면 별이라는 빛나는 점이 마치 소수점처럼 보인다.

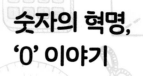

숫자의 혁명,
'0' 이야기

 '0'의 발견으로 계산이 편리해졌다!

우리가 평소 당연시 여기며 사용하고 있는 0. 이는 알고 보면 인류의 오랜 지혜와 슬기가 담긴 매력 넘치는 수다.

일찍이 고대의 숫자는 수를 기록하기 위한 목적으로 고안된 것이었다. 그런데 그렇게 만들어진 많은 숫자는 계산할 때 큰 불편함이 있었다.

예컨대 '672×304'라는 곱셈을 고대 그리스 숫자와 한자 숫자로 나타내보자.

다음 그림에서처럼 자릿수가 모두 흐트러져 계산하고 싶은

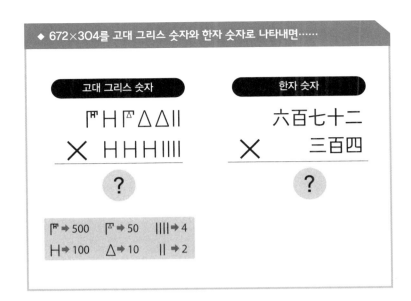

◆ 672×304를 고대 그리스 숫자와 한자 숫자로 나타내면……

고대 그리스 숫자

한자 숫자

六百七十二

三百四

마음이 싹 사라지게 될 것이다. 동시에 현재 우리가 사용하는 아라비아 숫자가 얼마나 계산하기 편리한 숫자인지 새삼 깨닫게 된다. 여기서 말하는 아라비아 숫자를 '산용(算用)숫자'라고 한다.

산용숫자를 생각해 낸 사람은 7세기경의 인도인이다. '아무것도 없다'라는 뜻을 나타내는 0이라는 기호 자체는 바빌로니아인, 마야인, 그리스인도 사용해왔다. 하지만 계산을 쉽게 하기 위해 '빈자리'를 뜻하는 0을 처음 고안해낸 것은 인도인이었다.

이것은 대변혁의 발상이었다. 숫자의 위치로 어느 자리의 수

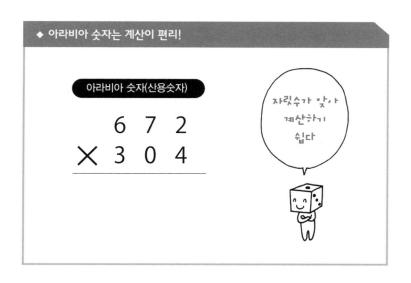

인지 알 수 있다니 얼마나 굉장한 일인가!

이 새로운 숫자인 0 덕택에 다른 고대 수학에서처럼 수가 커질 때마다 다른 기호를 추가할 필요 없이 아무리 큰 수라도 0부터 9까지의 숫자 10개만 가지고 나타낼 수 있게 되었다.

예컨대 '304'는 3이 백의 자리, 0이 십의 자리, 4가 일의 자리임을 보자마자 알 수 있다. 이처럼 숫자의 위치로 어느 자리의 수인지 알 수 있는 표시법을 '십진법'이라고 한다.

◆ 십진법

백의 자리	십의 자리	일의 자리
3	0	4

빈자리의 0

 세계를 활보하는 0

인도인이 고안해낸 숫자는 8세기경 아라비아로 전해졌다. 그러나 고도의 문명을 자랑했던 아라비아인조차 십진법을 일상적으로 사용하게 되기까지는 오랜 시간이 걸렸다.

12세기가 되어서야 인도-아라비아 숫자가 아라비아에서 유럽으로 전해졌고, 14세기경에 현재 사용하는 아라비아 숫자의 원형이 완성되었다. 그리고 15세기에 활판인쇄술이 발명되면서 산용숫자는 순식간에 보급되어 이윽고 현재와 거의 같은 형태의 숫자가 되었다.

아라비아─인도 숫자	٠	١	٢	٣	٤	٥	٦	٧	٨	٩
아라비아 숫자	0	1	2	3	4	5	6	7	8	9

 ## 숫자의 시작은 0부터? 1부터?

건물의 층수를 세는 방법은 나라마다 다르다. 한국과 일본에서는 '1층, 2층, 3층'이라고 센다. 이는 미국에서도 마찬가지다. 영어로는 'first floor, second floor, third floor'라고 말한다. 첫 번째 층, 두 번째 층, 세 번째 층이라는 뜻이다.

그런데 영국에서는 지면과 같은 높이의 지상층을 'ground floor'라 부른다. 그 위가 'first floor', 그다음이 'second floor'다. 즉 한국이나 일본에서의 1층이 영국에서는 ground floor(0층)에 해당한다. 이것은 수의 시작을 0으로 볼 것인가, 1로 볼 것인가 하는 문제에서 비롯된 차이다. 수의 시작을 1이라고 생각하는 한

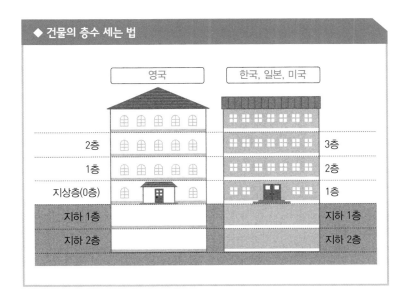

◆ 건물의 층수 세는 법

영국		한국, 일본, 미국
2층		3층
1층		2층
지상층(0층)		1층
지하 1층		지하 1층
지하 2층		지하 2층

국이나 한자 '一'을 '하지메('시작'을 뜻함-옮긴이)'라고 읽는 일본에서는 1을 수의 기준으로 하기 때문에 1층이 모든 층의 시작이 되는 것이다.

 ## 0과 1이라는 두 가지 기준

해외여행을 가면 늘 보던 익숙한 표기와 달라서 호텔의 층수를 착각하고 당황하는 경우가 종종 있다. 이렇게 1층을 건물의 맨 아래층으로 여기는 사람들의 입장에서 0층이 존재한다는 사실

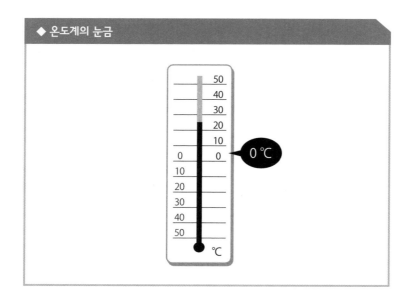

은 이상할 수밖에 없다.

그런데 따지고 보면 우리도 일상생활에서 0을 기준으로 생각하는 경우가 없지 않다. 바로 온도다. 온도계의 눈금은 0℃를 기준으로 한다. 온도의 기준은 0이라는 뜻이다. 즉 영국에서는 층수를 온도계와 동일한 방식으로 세는 것이다.

반면 우리의 경우 층수는 1에서 시작하고 온도는 0에서 시작하니 두 가지 기준을 가지고 있는 셈이다.

이렇게 볼 때 우리식으로 세는 것이 어딘가 조금 헷갈릴 것 같다는 느낌도 든다. 오히려 0을 모든 수의 기준으로 보는 나라

의 사람들이 두 가지 기준이 섞여 있는 우리의 방식을 이상하다
고 여기지 않을까?

0을 구분해서 쓰는 일본

재미있게도 일본에서는 0을 구분해서 읽는다. 0을 영어로는 '제
로'라고 읽는데 일본어로는 '레이'라고 읽기도 한다. '레이'는 한
자로 '零(영)'이라고 쓴다. 이 한자에는 '지극히 적다'라는 뜻도 있
어서 '완전히 제로는 아니다'라는 의미로도 쓰인다.

그렇기 때문에 일본의 텔레비전이나 라디오의 아나운서는 뉴
스를 보도할 때 0을 구분해서 말한다. 기본적으로 일본어 발음
대로 레이를 사용하고, '사망자 0명'과 같이 '없다'라는 뜻을 강
조하는 경우에는 제로라고 읽는다고 한다.

0을 바라보고 있노라면 여러 가지 이야기가 떠오른다.

인류는 0을 손에 넣게 되면서 크게 진보했다. '아무것도 없다'
라는 뜻을 지닌 0이지만 그 역할과 숨은 가능성은 무한대(∞)라
할 수 있지 않을까?

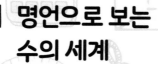

명언으로 보는
수의 세계

 수는 모든 세계의 연결고리

회화, 음악, 철학……. 어떤 장르든 그 근저는 수의 세계와 연결되어 있다. 그것을 깨닫고 수에 매혹된 위인은 수없이 많다.

수의 세계, 그것은 성스러울 만큼 아름답게 조화를 이룬 매혹적인 세계다. 풍부한 감수성과 예민한 감각, 또 깊은 사색의 결과로 탄생한 위인들의 명언을 읽노라면 수의 세계를 향한 경외심마저 느껴진다.

수의 매력을 엿볼 수 있는 아름다우면서도 힘이 깃든 명언을 소개한다.

수학은 일종의 예술이다.

노버트 위너Norbert Wiener(수학자. 1894〜1964)

아이들을 교육할 때는 지식과 능력을 차츰 결부시킬 수 있도록 도와주어야 한다. 모든 학문 가운데 수학은 이것을 가장 잘 충족시켜줄 수 있는 단 하나의 방법이다.

임마누엘 칸트Immanuel Kant(철학자. 1724〜1804)

육체에 가장 큰 기쁨을 주는 것은 태양이요, 정신에 가장 큰 기쁨을 주는 것은 눈부신 수학적 진리다. 육안으로 감지하는 태양광선의 지각(知覺)과 이성으로 느끼는 수학의 명쾌한 진리가 연결된 원근법적 지식을, 인간의 다른 어떠한 연구나 학문보다 존중해야 하는 이유는 그 때문이다.

레오나르도 다빈치Leonardo da Vinci(학자, 화가. 1452〜1519)

만일 플라톤이 성경을 썼다면, 분명 그는 다음과 같은 말을 서두에 적었으리라. '맨 처음 신은 수학을 만들고 그다음 수학의 법칙에 따라 하늘과 땅을 창조하셨다'라고.

모리스 클라인Morris Kline(수학자. 1908〜1992)

세상은 수학으로 이루어져 있다

수학의 단 열매를 맛보았다면 세상의 모든 근심을 잊어버리게 해준다는 로토스의 열매를 먹고 신화의 낙원에서 노니는 사람들과 다를 바 없다. 한번 수학을 이용했다면 더 이상 손을 뗄 수 없을 만큼, 수학은 우리를 포로로 만들어버린다.

아리스토텔레스Aristoteles(철학자. 기원전 384~322)

인간과 자연 사이, 내적 세계와 외적 세계 사이, 또 생각과 깨달음 사이에서 수학은 다른 어떤 학문보다 훌륭한 연결고리가 되어준다.

프리드리히 프뢰벨Friedrich W.A. Fröbel(교육학자. 1782~1852)

수학을 지각하는 능력은 경쾌한 멜로디에서 즐거움을 느끼는 능력보다도 훨씬 널리 인류에 퍼져 있다. 그것은 대다수 사람이 선천적으로 지니고 있는 능력이다.

고드프리 해럴드 하디Godfrey Harold Hardy(수학자. 1877~1947)

　수를 마주하는 본질은 예술이나 철학이 그러하듯 실로 자기와의 대화일지도 모른다.

　세상은 수학으로 이루어져 있다. 그러한 사고로 세상을 응시할 때에야 비로소 앞에 소개한 위인과 같은 감동을 느끼게 될 것이다.

수와
숫자 이야기

 수, 숫자, 수치의 차이는?

수와 숫자, 여러분은 그 차이를 알고 있는가?

모두 초등학교 때 배우는 기본적인 낱말임에도 그 차이를 명확하게 이해하고 있는 어른은 그리 많지 않다. 무엇보다 의미의 차이를 제대로 배울 기회가 없었을 것이다. 수학시험이나 국어시험에 '수와 숫자의 차이를 설명하라'라는 문제가 출제되는 일은 거의 없다.

'수는 개념이며 숫자는 그 개념을 나타내는 문자다. 또는 수는 이데아의 존재이며 숫자는 형상이 있는 존재다.'

수	number	개념, 이데아의 존재 예: 자연수, 실수, 허수
숫자	digit, figure	수를 형상화한 것 예: 한자 숫자, 아라비아 숫자
수치	value	계량하여 얻은 값 예: 10m, 100kg, 1,000초

이것이 그 문제의 답이다. 이 문장을 읽고 그 뜻을 금방 이해하기란 쉽지 않을 것이다. 실제로 여러 사람들에게 같은 이야기를 해봤지만 대부분 잘 이해하지 못하겠다는 반응을 보였다. 이러한 질문 자체를 처음 접하는 탓에 불쑥 답부터 일러준다 해도 금방 이해하지 못하는 것이다.

빈번하게 오용되는 '숫자'

우리는 여러 상황에서 '숫자'라는 말을 쓴다.

'비즈니스맨은 숫자에 강해야 한다' '숫자에 강한 이과, 숫자에 약한 문과' '시청률, 정부 지지율이라는 숫자'.

하지만 모두 본래 의미의 '숫자'를 올바르게 사용하지 못한 사례다. 비즈니스맨에게 숫자란 예컨대 회계나 각종 지표에 나타나는 '수치'를 말하는 것이며, 이과가 본래 강한 것은 '수'다. 시청률이나 정부 지지율 또한 '수치'에 해당한다. 즉 수에는 '수', '숫자', '수치'의 세 가지 의미가 있는데, 그 차이가 숫자라는 단어에 묻혀 점차 사라지고 있는 것이다.

이런 차이는 이해하기 어려울뿐더러 그것을 완벽히 올바르게 사용하기란 더더욱 쉽지 않은 일이다. 결국 대부분의 사람들이 눈에 보이는 문자인 숫자를 사용하게 되었다.

주위를 둘러보면 곳곳마다 숫자가 눈에 띈다. 물건값, 개수, 길이, 무게, 시간 등 숫자는 다양한 양을 나타낼 때 필요하다.

그리고 물건의 양을 잴 때 필요한 것이 단위다. 값은 원, 길이는 m(미터), 무게는 kg(킬로그램), 시간은 연, 월, 일, 시, 분, 초 등이 그 사례다.

사과 한 개, 쌀 1kg, 책상 높이 1m, 거주기간 1년. 여기서 공통된 것은 '하나', 즉 1이라는 수다. 하나라는 수 덕분에 양을 나타낼 수 있다.

수는 어디에나 쓸 수 있는 매우 편리한 사고다. 그런데 그 수가 커지고 계산이 복잡해지자 '수를 어떻게 나타낼까'를 고민하게 되었다. 그리고 인류가 긴 시간을 들여 고민한 결과 십진법과 0이라는 숫자를 가진 아라비아 숫자(산용숫자)를 고안해낼 수 있었다(63쪽 참조).

보이지 않는 수를 표현한 것이 '숫자'

'하나'라는 수가 사과나 귤, 쌀, 길이, 시간 자체를 뜻하는 것은 아니다. 수는 사고, 즉 개념이다. 그 수라는 개념을 나타내기 위한 기호(문자)가 숫자다.

사실 '형(形)'도 마찬가지다. 공책에 연필로 그려진 점이나 직선은 진정한 의미에서의 점과 직선이 아니다.

직선이란 양끝이 무한히 뻗어 끝점이 없고 길이만 존재하며 폭은 없는 기하학적인 대상(도형)이다. 그리고 점이란 크기가 없는(길이, 면적, 넓이를 지니지 않는) 위치만 지닌 존재다. 즉, 직선과 점 모두 개념이다. 이들 개념을 형상화한 것이 다음 그림이다.

그러나 그 형상은 이 세상에 실존하지 않는다. 진정한 점이나 직선은 오직 우리 마음속에만 존재한다. 이를 알아낸 것은 그리스인들이었다. 마음속에 존재하는 수와 형의 절대적인 위력에 눈을 뜬 것이다. 예컨대 아르키메데스가 원주율을 3.14로 산출해내는 데 성공할 수 있었던 것도 사실은 '개념으로서의 직선'

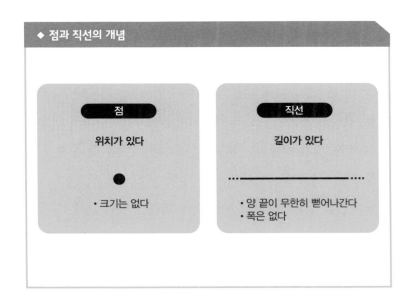

◆ 점과 직선의 개념

점	직선
위치가 있다	길이가 있다
• 크기는 없다	• 양 끝이 무한히 뻗어나간다 • 폭은 없다

덕택이다.

이리하여 수와 형이라는 세계에 감추어진 놀랄 만한 법칙이 차츰 발견된다. 그 장대한 이야기가 '수학'이다. 한 번 증명된 법칙, 즉 공식이나 정리는 시공을 초월해 영원한 진리가 된다.

현대에는 정리나 공식에 특허를 부여하지 않는다. 왜냐하면 그것은 어디까지나 '발견'이지 '발명'이 아니기 때문이다. 정리나 공식은 인류의 공통재산이 되며 그 사용에 돈이 얽히는 일은 전혀 없다.

수학은 신도 손대지 못하는 영역

놀랍게도 수학은 신으로부터 독립해 있다. 예를 들어 원주율 3.14……는 신에 의해 만들어진 것이 아니다. 신조차 그 수에 손을 대거나 변경하는 것이 허용되지 않는다. 이리하여 인류는 세상 속에 '시간과 공간', '경제', '신'으로부터 독립한 존재가 있음을 깨닫게 된다. 그 존재가 바로 수학이다.

우리 인간에게는 보이지 않는 것을 보는 능력이 있다. 사과나 귤이라는 완전히 독립한 존재의 배후에 공통된 '하나'라는 '수'를 발견하고, 그것을 나타내는 '숫자'를 생각해내기까지 인류는 수만 년이라는 긴 시간이 필요했다.

초등학교 수학에서는 수에 단위가 붙은 수치(예: 길이 1m)를 다루고, 중고등학교에 진학하면서 단위가 붙지 않는 수(예: 길이 1)를 다루게 된다. 더 나아가 구체적인 수 대신 x나 y라는 새로운 사고(로그)가 등장하고, 그 x와 y의 관계에 있는 '함수'라는 사고에까지 이른다.

지금도 늦지 않았다. 초등학교 수학부터 다시 시작해서 숫자에서 수 단계로 올라서야 할 때다. 그것이 가능한 것이 우리 인간의 특권이기 때문이다.

주변에서 찾아보는 '수'와 '숫자'의 차이

이쯤에서 문제를 몇 개 풀어보자. 이 문제를 생각하다 보면 수와 숫자의 차이를 깊이 가늠할 수 있다.

Q. 다음은 수, 숫자, 수치 중 무엇일까?

① 삼각형의 넓이(밑변×높이÷2)를 구할 때 밑변과 높이
② 지폐에 인쇄된 것
③ 텔레비전 시청률
④ 광고 전단지에 표시된 상품 가격
⑤ 이자
⑥ 황금비($\varphi=1.618\cdots\cdots$)

A.

① 밑변과 높이 → '수치' 또는 '수'

삼각형의 넓이를 구할 때 사용하는 밑변과 높이는 길이다.

길이는 계량하여 얻어지는 값이므로 1m, 3cm와 같이 단위가 붙는다. 때문에 이것은 수치에 속한다.

참고로 초등학교 수학 교과서에 나오는 길이에는 이렇게 단위가 붙어 있으므로 모두 수치라고 보면 된다.

그런데 고등학교 수학 교과서나 대학입시 문제에서는 '밑변과 높이는 각각 1과 2다'라는 표현이 나온다. 이때 밑변과 높이에는 단위가 붙어 있지 않으므로 이때는 수라고 할 수 있다.

따라서 밑변과 높이는 수치 또는 수가 될 수 있다.

② 지폐에 인쇄된 것→'숫자'

핵심은 '실체'라는 점이다. 그림에는 '이것!'이라는 지시대명사까지 있으며 10000이라는 숫자를 가리키고 있다. 즉 인쇄된 문자 10000은 숫자이며, 잉크가 종이 위에 얹어져 있는 실체에 지나지 않는다는 뜻이다.

③ 텔레비전 시청률→'수치'

시청률은 기관에서 선정한 세대에 설치된 측정기기로부터 얻어진 데이터를 근거로 산출되는 통계 데이터다. 즉 시청률은 산출하여 얻어지는 수이므로 수치다.

④ 광고 전단지에 표시된 상품 가격→'수치'

측량된 값(단위가 붙은 수)은 수치다. 가격은 원이라는 단위가 붙으므로 수치다.

⑤ 이자→'수치'

이자란 '남에게 돈을 빌려 쓴 대가로 치르는 일정한 비율의 돈'을 말한다. 즉 이자는 금전을 뜻하며 원이라는 단위가 붙으므로 수치다.

⑥ 황금비→'수'

황금비(20~23쪽 참조)는 1.6180339887……이라는 수이며
이러한 수를 '수학 상수'라고 한다.

 '숫자'가 일상에서 많이 쓰이는 이유는?

이들의 구별은 생각처럼 간단치 않다. 그래서인지 이 세 가지
가운데 유독 숫자만 많이 사용되고 있는 실정이다.

그 이유는 명쾌하다. 숫자가 형상(figure)이라는 점 때문이다.
숫자는 '형상이 있는 존재'라 실제로 눈에 보인다.

사무실에서 나누어주는 것의 실체는 복사용지이며 그 종이에
인쇄되는 것은 문자나 숫자다. 프린터는 미소한 잉크를 종이 위
에 떨어뜨려 형상을 그린다. 그야말로 점의 집합으로 이루어진
선이 완성된다.

텔레비전 화면에 비춰지는 영상도 점들의 집합이라는 점에서
그 원리는 프린터와 같다. 이런 과정을 거쳐 우리 눈에 들어오
는 것이 바로 숫자다.

수학은 보편적인 언어

앞서 '수와 형은 개념이다'라고 말했다. 그것이 얼마나 중요한지 알기 쉽게 설명하면 이렇다.

개념은 우리가 머릿속으로 생각해낸 것이므로 사고 속에 존재한다. 색깔도 사고 속에 존재하는 것이지만 수나 형과는 결정적인 차이가 있다. 예컨대 빨강이라는 색을 떠올리라고 지시한다면 누구든 머릿속에 빨간색을 떠올릴 수 있다.

그런데 10명에게 같은 지시를 하고 그들이 각각 떠올린 색을 비교해보면 어떨까? 색이 조금씩 다른 빨간색 카드를 여러 장 준비하여 그중에서 어떤 빨강을 떠올렸는지 고르게 해보자. 그러면 10명 모두가 똑같은 색 카드를 고르는 일은 거의 일어나지 않는다. 결과는 그야말로 10인 10색이다. 즉 내가 머릿속으로 떠올린 '빨강'이라는 색깔이 타인이 생각한 색깔과 완전히 똑같을 수는 없다.

반면 수와 형은 누구나가 같은 것을 생각한다. 1이라는 수, 점이라는 형상은 누구에게나 똑같음을 확인할 수 있다.

이를 당연하다고 여길지 모르지만 사실은 그렇지 않다. 보통 우리가 생각하는 것들은 지극히 개인적인 것이다. 기쁨, 슬픔 등 감정을 나타내는 말이 있기는 하지만 여러분이 저마다 느끼는 기쁨과 슬픔은 어디까지나 개인적인 것이기 때문에 타인의 감정과 비교하기란 불가능하다.

따라서 수와 형이 타인 간 비교가 가능하다는 점은 실로 경이적인 것이다. 그 덕택에 수학은 보편적인(universal) 언어가 될 수 있었다.

두 가지 실재와 기하학(geometry)

우주(universe)는 우리 외부에 존재하는 실재로 '물리적 실재'다. 우주는 그야말로 하나의(uni) 실재라 할 수 있다.

반면 우리 내부에 존재하는 수나 형을 끄집어내어 비교해보면 모두 똑같다는 사실을 알 수 있다. 수와 형은 우리 안에 존재하며 그것 또한 하나(uni)인 셈이다. 이러한 수와 형을 '수학적 실재'라 부른다.

이 두 가지 실재 사이에 존재하는 것이 바로 우리 인간이다.

밤하늘의 별을 올려다본 고대인들은 그 별을 정확하게 따라가기 위해 도전해왔다. 그렇게 발전한 것이 달력의 작성과 항해술의 바탕이 된 천문학이다. 여기서 '측량'이라는 개념이 등장했다.

수를 이용하면서부터 정확한 때를 알 수 있게 되었고, 삼각법(sin, cos을 이용하는 계산방법, 118~120쪽 참조)을 이용해 지구와 천구의 여러 가지 양을 계산하는 것이 가능해졌다. 그리고 요하네스 케플러(Johannes Kepler)에 의해 행성 운동의 법칙(타원 궤도의 법칙, 면적 속도 일정의 법칙, 거리와 주기의 법칙)이 발견되기까지 장대한 이야기가 펼쳐지게 되었다.

도량형, 측지학, 항해술, 천문학 등의 세계는 측량을 기본으로 한다. 측정하기 위해서는 수와 단위가 필요하다. 측정한 양이 '수치'에 해당한다는 것은 (양)=(수)×(단위)라는 계산에서도 알 수 있다.

우리 외부에 있는 물리적 실재(우주)의 측량, 특히 대지인 지구 측량의 밑바탕에 깔려 있는 것이 우리 내부에 있는 수학적 실재(수와 도형)의 법칙이었던 것이다. 지구 또는 대지(geo)를 측정(metry)한다는 의미에서 기하학(geometry)이라는 말이 유래되었다.

인간은 물리적 실재와 수학적 실재 쌍방을 오가면서 둘 사이의 조화의 법칙을 발견해나갈 수 있게 되었다.

수와 숫자와 수치의 차이를 이해하는 것은 곧 인류가 걸어온 길을 되돌아보는 일이다. 수라는 개념을 발견하고, 아라비아 숫자(산용숫자)를 발명하여 끊임없이 지구를 측량한 인간은 우주 속의 지구에 적응하며 지금까지 이 지구에서 살아남아온 것이다.

PART
2

아주
유용한
수학 이야기

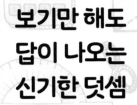

보기만 해도
답이 나오는
신기한 덧셈

 연속하는 수를 100개 더하면?

계산하지 않아도 덧셈이 풀리는 꿈만 같은 방법이 있다는 사실
을 아는가? 실제로 연속하는 수의 덧셈이 한순간에 풀리는 수
의 마법이 있다.

아빠와 아들이 블록놀이를 하고 있다. 아들이 성의 계단을 만
들고 있을 때 아빠가 아들에게 퀴즈를 냈다.

> **아빠** 블록 하나로 계단을 1단, 블록 두 개로 계단을 2단 쌓
> 을 수 있네? 그럼 1단부터 3단까지 만들려면 블록이

◆ 블록으로 계단 쌓기

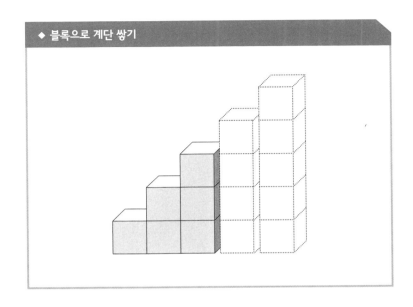

모두 몇 개 필요할까?

⌂ 아들 1+2+3이니까 6개 필요한데요?

☹ 아빠 정답! 그럼 5단까지 쌓으려면?

⌂ 아들 방금 했던 계산에다 4와 5를 더하면…… 15개요.

☹ 아빠 또 정답인데? 그러면 100단짜리 계단을 쌓으려면 모
두 몇 개 필요할까?

⌂ 아들 아휴, 한참 더해야 해서 바로 대답하기는 어려운데요?

아들은 전자계산기로 일일이 수를 더해가며 열심히 계산을

한다. 그런데 아빠는 단 10초 만에 답을 내었다. 물론 종이나 계산기는 사용하지 않았다. 아빠는 이 문제를 단번에 풀 수 있는 굉장한 비법을 알고 있었던 것이다.

아빠는 어떻게 그렇게 순식간에 계산할 수 있었을까?

 ## 마법의 비밀은 50

풀이법은 참으로 간단하다.

> (STEP1) (시작하는 수로부터) 50번째 수를 찾는다. 50번째 수는 '맨 첫 번째 수+49'로 구할 수 있다. 혹은 맨 첫 번째 수에 50을 더한 뒤에 1을 빼면 더 쉽게 계산할 수 있다.
>
> (STEP2) 50번째 수는 우리가 찾는 답의 백 자리 이상의 수다.
>
> (STEP3) 답의 끝 두 자리는 반드시 50이 된다.

이 풀이법을 한번 살펴보자.

먼저 연속하는 수 100개를 블록에 표시해보면 90쪽의 그림과 같이 계단 형태가 된다. 그 단차를 없애고 블록을 편평하게 만든다고 생각해보자.

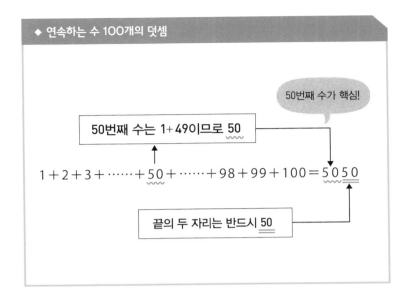

◆ 연속하는 수 100개의 덧셈

50번째 수가 핵심!

50번째 수는 1+49이므로 50

$$1+2+3+\cdots\cdots+50+\cdots\cdots+98+99+100=5050$$

끝의 두 자리는 반드시 50

50번째 블록(블록의 개수는 50개)을 기준으로 하여 1번째부터 49번째 블록, 51번째에서 99번째 블록으로 나누어 생각해보자.

49번째(49), 48번째(48),⋯⋯, 2번째(2), 1번째(1) 블록을 찾아보면, 기준인 50번째 블록보다 각각 1개, 2개, ⋯⋯, 48개, 49개의 블록이 부족하다.

반대로 51번째(51), 52번째(52), ⋯⋯, 98번째(98), 99번째(99) 블록은 각각 1개, 2개,⋯⋯, 48개, 49개의 블록이 남는다.

이때 남은 블록을 부족한 쪽에 나누어준다. 49번째(49)와 51번째(51), 48번째(48)와 52번째(52), ⋯⋯, 2번째(2)와 98번째(98),

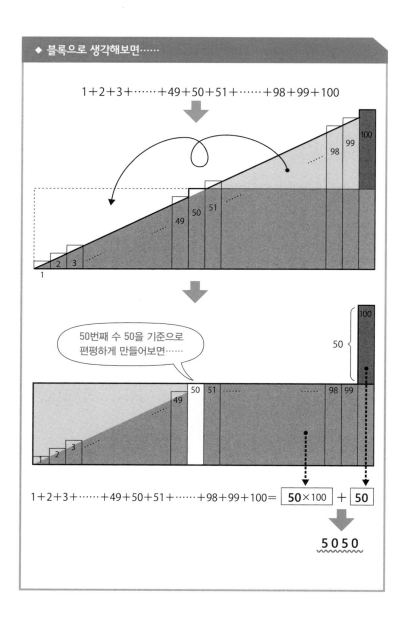

1번째(1)와 99번째(99) 블록을 맞추면 딱 50개가 된다.

100번째 블록만은 기준으로 삼았던 50개 블록과 남은 50개의 블록으로 나누어놓는다. 이것을 합하면 50개짜리 블록 100세트 하고 블록 50개가 남는다. 식으로 나타내면 50×100+50=5050이 된다.

즉 연속하는 수 100개의 합은 50번째 수에 100을 곱하고 50을 더한 수가 된다. 결국 '50번째 수 뒤에다가 50을 붙인 수'가 된다.

그럼 다음 문제에도 도전해보자.

Q. 다음 덧셈을 풀어보자.

① 6＋7＋8＋……＋103＋104＋105

② 43＋44＋45＋……＋140＋141＋142

③ 268＋269＋270＋……＋365＋366＋367

④ 791＋792＋793＋……＋888＋889＋890

⑤ 1,075＋1,076＋1,077＋……＋1,172＋1,173＋1,174

A.

① 50번째 수는 6+49이므로 '55' → 5,550

② 50번째 수는 43+49이므로 '92' → 9,250

③ 50번째 수는 268+49이므로 '317' → 31,750

④ 50번째 수는 791+49이므로 '840' → 84,050

⑤ 50번째 수는 1,075+49이므로 '1,124' → 112,450

마법의 비밀
50에
주목!

1부터
9까지의 수로
100 만들기!?

 수학 퍼즐놀이 고마치 셈에 도전!

고마치 셈(小町算)이란 1에서 9까지의 수를 한 번씩 써서 특정한
수가 나오게 하거나 등식을 만드는 수학 퍼즐이다.

그 역사는 오래전 에도시대로 거슬러 올라간다. 당시 출판된
일본 수학자 다나카 요시자네(田中由真)의 『잣슈큐쇼산포(雜集求
笑算法, 1698)』(일본 최초의 수학 퍼즐 책–옮긴이)나 나카네 겐쥰(中根
彦循)이 쓴 『간쟈오토기조시(勘者御伽雙紙, 1743)』(게임하듯 풀어볼 수
있는 문제가 소개된 당시 서민 대상의 수학서–옮긴이)의 내용 중에서도
고마치 셈을 찾아볼 수 있다.

◆ +, −, 공백만 이용해서 100을 만드는 고마치 셈

① 1+2+3−4+5+6+78+9=100
② 1+2+34−5+67−8+9=100
③ 1+23−4+56+7+8+9=100
④ 1+23−4+5+6+78−9=100
⑤ 123−45−67+89=100
⑥ 123+45−67+8−9=100
⑦ 123−4−5−6−7+8−9=100
⑧ 123+4−5+67−89=100
⑨ −1+2−3+4+5+6+78+9=100
⑩ 12−3−4+5−6+7+89=100
⑪ 12+3+4+5−6−7+89=100
⑫ 12+3−4+5+67+8+9=100

그중에서도 특히 유명한 것이 100만들기(센추리 퍼즐)다.

'□1□2□3□4□5□6□7□8□9=100'의 □안에 +, −, ×, ÷, 공백의 다섯 가지 중 하나를 넣어 수식을 완성시키는 퍼즐이다. 5가지를 사용했을 때 답은 1971년에 컴퓨터가 계산하여 구했는데 150가지 유형이나 있다고 한다.

위 그림을 보자. +, −, 공백만을 이용해 만들어낸 수식도 12가지나 된다.

단순한 문제처럼 보이던 고마치 셈, 알고 보니 상당한 깊이가 느껴지지 않는가?

센추리 퍼즐은 문제를 다양하게 바꾸어 제시할 수 있다.

예컨대 '□9□8□7□6□5□4□3□2□1=100'과 같이 숫자를 역순으로 나열하거나 괄호, 거듭제곱, 제곱근의 추가 등 조건을 조금만 달리해도 완전히 새로운 계산이 탄생한다.

'수의 가능성'을 알게 해주는 퍼즐, 그것이 고마치 셈이다.

2013년판 고마치 셈

여기서 최신 고마치 셈을 소개한다. 다음은 내가 2013년 5월 1일에 개최된 제1회 사회인수학선수권대회(재단법인 일본수학검정협회 후원)에 특별 심사위원 자격으로 참여했을 당시에 출제되었던 문제다.

> **Q.** 올해는 2013년이다. 지정된 기호로 숫자 2, 0, 1, 3을 한 번씩 사용하여 계산 결과가 1 이상 100 이하가 되는 정수가 나오도록 다음 규칙에 따라 식을 각각 하나씩 만드시오.

100은 100인데 계산 결과가 1에서 100까지 모두 나오도록

- 숫자 2, 0, 1, 3을 반드시 한 번씩만 사용하여 식을 만든다.
  같은 숫자를 2개 이상 사용해선 안 된다.
- 2, 0, 1, 3 이외의 숫자를 사용해서는 안 된다.
  단 숫자 2, 0, 1, 3을 꼭 순서대로 사용할 필요는 없다.
- 숫자 2, 0, 1, 3을 조합하여 20, 201과 같이 두 자릿수 또는 세 자릿수를
  만들어도 된다.
- 2^{13}, 21^3과 같이 거듭제곱을 이용해도 된다.
- 식을 만들 때 사용할 수 있는 기호는 다음에 한한다. 단 하나의 식에서
  같은 기호를 여러 번 사용할 수 있다.
  * 사칙연산기호 +, −, ×, ÷
  * 괄호(몇 중 괄호든 무방)
  * 계승 '!' $n! = n \times (n-1) \times (n-2) \times \cdots \times 1$
  * 이중계승 '!!'
    (n이 홀수일 때) $n!! = n \times (n-2) \times (n-4) \times \cdots \times 1$
    (n이 짝수일 때) $n!! = n \times (n-2) \times (n-4) \times \cdots \times 2$
  * 삼중계승 '!!!'
    (n÷3의 나머지가 1일 때) $n!!! = n \times (n-3) \times (n-6) \times \cdots \times 1$
    (n÷3의 나머지가 2일 때) $n!!! = n \times (n-3) \times (n-6) \times \cdots \times 2$
    (n÷3이 나누어 떨어질 때) $n!!! = n \times (n-3) \times (n-6) \times \cdots \times 3$
    ※0!=1, 0!!=1, 0!!!=1이라고 정의한다.
  * 초계승 '$' 양의 정수 n에 대해 n의 초계승을 n$으로 나타낸다.

$$n\$ = \underbrace{n!^{n!^{n!^{\cdot^{\cdot^{\cdot^{n!}}}}}}}_{n! \text{ 개}}$$

※ 0$=1이라고 정의한다.

100가지 수식을 만들라는 문제다.

이 문제에서 재미있는 것은 이중계승 '!!', 삼중계승 '!!!', 초계승 '$' 등 낯선 기호가 등장한다는 점이다.

숫자 네 개와 +, −, ×, ÷, 거듭제곱만으로는 100까지의 수를 나타내는 식을 만들 수 없었다. 그래서 출제자가 계승을 추가했는데 그래도 만들 수 없는 수가 있다는 것을 알게 되어 이중계승 '!!'과 삼중계승 '!!!'을 추가했다고 한다.

하지만 그럼에도 여전히 만들 수 없는 수가 있어 마지막으로 초계승 '$'까지 끌어와 겨우 100가지 수식을 완성했다고 한다.

얼핏 복잡해 보이지만 0부터 3까지의 작은 수로 이루어진 식이므로 계산 자체는 간단하다. 풀다 보면 이 말에 고개를 끄덕이게 될 것이다.

여러분도 시간제한 없이 이 문제에 도전해보기 바란다.

A.

수	해답 사례
1	$= (2+0+1) \div 3$
2	$= 2 \times 0 - 1 + 3$
3	$= 2 \times 0 \times 1 + 3$
4	$= 2 \times 0 + 1 + 3$
5	$= 2 + 0 \times 1 + 3$
6	$= 2 + 0 + 1 + 3$
7	$= 20 - 13$
8	$= (2+0) \times (1+3)$
9	$= (2+0+1) \times 3$
10	$= 10 \times (3 - 2)$
11	$= 10 + 3 - 2$
12	$= 12 + 3 \times 0$
13	$= 2 \times 0 + 13$
14	$= 2^0 + 13$
15	$= 2 + 0 + 13$
16	$= 20 - 1 - 3$
17	$= 20 - 1 \times 3$
18	$= 20 + 1 - 3$
19	$= 20 - 1^3$
20	$= 20 \times 1^3$

$2^0 = 1$

수	해답 사례
21	$= 20 + 1^3$
22	$= 20 - 1 + 3$
23	$= 20 + 1 \times 3$
24	$= 20 + 1 + 3$
25	$= 23 + 1 + 0!$
26	$= 13 \times 2 + 0$
27	$= 3^{(1 + 2)} + 0$
28	$= 2 \times (0! + 13)$
29	$= 31 - 2 - 0$
30	$= 31 - 2 + 0!$
31	$= 31 + 2 \times 0$
32	$= 32 \times 1 + 0$
33	$= 20 + 13$
34	$= 102 \div 3$
35	$= (3!)^2 - 1 + 0$
36	$= (3!)^2 \times 1 + 0$
37	$= (3!)^2 + 1 + 0$
38	$= (3!)^2 + 1 + 0!$
39	$= (2 + 0!) \times 13$
40	$= 120 \div 3$
41	$= (2\$ + 1)! \div 3 + 0!$
42	$= 32 + 10$

$0! = 1$

$3! = 3 \times 2 \times 1 = 6$

2\$ = 2^2 = 4 이므로
$(2\$ + 1)!$
$= 5!$
$= 5 \times 4 \times 3 \times 2 \times 1$
$= 120$

수	해답 사례
43	$= 2\$ \times 10 + 3$
44	$= 20 + (1 + 3)!$
45	$= (0! + 3)! + 21$
46	$= 23 \times (1 + 0!)$
47	$= (2\$)! - 0! + (1 + 3)!$
48	$= (2 + 0) \times (1 + 3)!$
49	$= (3! + 1)^2 + 0$
50	$= 10 \times (2 + 3)$
51	$= 13 \times 2\$ - 0!$
52	$= 13 \times 2\$ + 0$
53	$= 13 \times 2\$ + 0!$
54	$= 2^{3!} - 10$
55	$= (3!)!!! \times (2 + 1) + 0!$
56	$= (0! + 13) \times 2\$$
57	$= (20 - 1) \times 3$
58	$= (30 - 1) \times 2$
59	$= 30 \times 2 - 1$
60	$= 20 \times 1 \times 3$
61	$= 30 \times 2 + 1$
62	$= 21 \times 3 - 0!$
63	$= 21 \times 3 + 0$
64	$= 21 \times 3 + 0!$

$(1 + 3)!$
$= 4!$
$= 4 \times 3 \times 2 \times 1$
$= 24$

$2^{3!} = 2^6 = 64$

$(3!)!!! = 6!!!$
$\quad\quad = 6 \times 3$
$\quad\quad = 18$

수	해답 사례
65	$= 130 \div 2$
66	$= 2^{3!} + 1 + 0!$
67	$= 201 \div 3$
68	$= 2^{3!} + (0! + 1)\$$
69	$= \{(2\$)! - 1\} \times 3 + 0$
70	$= 210 \div 3$
71	$= 3! \times 12 - 0!$
72	$= 3! \times 12 + 0$
73	$= 3! \times 12 + 0!$
74	$= 2^{3!} + 10$
75	$= (2\$ + 1)!! \times (3! - 0!)$
76	$= (2^3)!!! - (0! + 1)\$$
77	$= 3^{2\$} - (0! + 1)\$$
78	$= (0! + 12) \times 3!$
79	$= (2^3)!!! - 1 + 0$
80	$= 2^3 \times 10$
81	$= (2^3)!!! + 1 + 0$
82	$= (2^3)!!! + 1 + 0!$
83	$= 3^{2\$} + 1 + 0!$
84	$= 21 \times (0! + 3)$
85	$= 3^{2\$} + (0! + 1)\$$
86	$= \{(2\$)!!\}!!! + (0! + 1) \times 3$

$(0! + 1)\$ = (1 + 1)\$$
$\quad = 2\$$
$\quad = 4$

$(2\$)! - 1$
$= 4! - 1$
$= 4 \times 3 \times 2 \times 1 - 1$
$= 24 - 1$
$= 23$

$(2\$ + 1)!!$
$= (4 + 1)!!$
$= 5!!$
$= 5 \times 3 \times 1$
$= 15$

$(2^3)!!!$
$= 8!!!$
$= 8 \times 5 \times 2$
$= 80$

$3^{2\$} = 3^4 = 81$

$\{(2\$)!!\}!!!$
$= (4!!)!!!$
$= (4 \times 2)!!!$
$= 8!!!$
$= 80$

수	해답 사례
87	$= \{(2\$)\,!!\}\,!!! + 0 + 1 + 3!$
88	$= (2\$)\,!! \times [\{(0! + 1)\$\}\,!! + 3]$
89	$= \{(2\$)\,!!\}\,!!! + 3^{(0!+1)}$
90	$= 3^2 \times 10$
91	$= (2\$ + 1)\,!! \times 3! + 0!$
92	$= 23 \times (0! + 1)\$$
93	$= 31 \times (0! + 2)$
94	$= 10^2 - 3!$
95	$= (2\$)\,! \times (1 + 3) - 0!$
96	$= (2\$)\,! \times (0 + 1 + 3)$
97	$= 10^2 - 3$
98	$= (3!)\,!! \times 2 + 1 + 0!$
99	$= 102 - 3$
100	$= (2 + 3)\,!!! \times 10$

$\{(0!+1)\$\}\,!!+3$
$= (2\$)\,!!+3$
$= 4!! + 3$
$= 8 + 3$
$= 11$

$3^{(0!+1)} = 3^2 = 9$

$(3!)\,!! = (3 \times 2 \times 1)\,!!$
$= 6!!$
$= 6 \times 4 \times 2$
$= 48$

$(2+3)\,!!! = 5!!!$
$= 5 \times 2$
$= 10$

√‾의 의미는
전자계산기가 가르쳐준다

 전자계산기는 수학 선생님?

초등학교 시절, 선생님에게 계산할 때 계산기를 쓰지 말라는 이야기를 들었던 기억이 있을 것이다. 물론 혼자 힘으로 계산해서 푸는 것은 매우 중요하다. 숙제를 계산기로 푼다는 것은 당치도 않은 일이다.

하지만 내 경우 전자계산기와의 만남은 내가 수학으로 빠져들게 된 커다란 계기가 되었다. 일반 계산기로 시작해서 공학 계산기까지, 키를 누르면 누를수록 화면에는 신기한 수가 나타났다. 어린 시절 이것을 본 나는 거기에서 시선을 떼지 못했다.

√ 계산의 의미는?

√(제곱근)는 어떤 계산일까? 그 답은 전자계산기가 가르쳐준다.

다음 그림을 보자. 이것이 공학 계산기다. 일반 계산기보다 키가 많다. 공학 계산기는 과학이나 공학, 수학 등의 분야에서 사용하는 특수 계산기로, √은 물론 로그(log)나 삼각함수(sin, cos, tan) 등도 계산할 수 있다.

그렇다면 공학 계산기와 같이 √키가 들어 있는 계산기를 준비해보자. 컴퓨터나 스마트폰 속 공학 계산기를 활용해도 좋다.

1에서 16까지 순서대로 숫자키와 √키를 누른다. 12자리까지

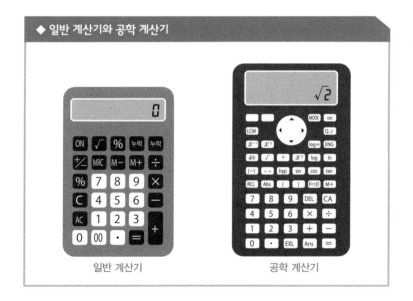

◆ 일반 계산기와 공학 계산기

일반 계산기   공학 계산기

표시되는 계산기라면 계산 결과는 다음 그림과 같이 나온다.

중간 중간에 정수로 나온 답이 보이는가? 계산 결과가 정수가 되는 패턴(1, 4, 9, 16)에 주목해보자.

이 패턴으로부터 A+√ ➡ B⇒B×B=A라는 법칙을 예상할 수 있다! 즉 '어떤 수 A'의 √ 계산이란 A를 B×B로 나타내기 위한 B의 값을 구하는 계산이다.

그렇다면 예상한 법칙이 맞는지 ②, ③을 예로 확인해보자.

②+√를 누르면 1.41421356237, ③+√를 누르면 1.73205 080756이 나온다. 이 값을 두 번 곱하면 계산결과는 각각 2와 3

◆ 계산기의 √키를 사용해보자

① + √ ➡ 1	⑩ + √ ➡ 3.16227766016
② + √ ➡ 1.41421356237	⑪ + √ ➡ 3.31662479035
③ + √ ➡ 1.73205080756	⑫ + √ ➡ 3.46410161513
④ + √ ➡ 2	⑬ + √ ➡ 3.60555127546
⑤ + √ ➡ 2.23606797749	⑭ + √ ➡ 3.74165738677
⑥ + √ ➡ 2.44948974278	⑮ + √ ➡ 3.87298334620
⑦ + √ ➡ 2.64575131106	⑯ + √ ➡ 4
⑧ + √ ➡ 2.82842712474	
⑨ + √ ➡ 3	

※ 오른쪽 끝자리 숫자 0은 계산기에 표시되지 않는다.

1 + $\sqrt{}$ ➡ 1 ⇒ 1 × 1 = 1

4 + $\sqrt{}$ ➡ 2 ⇒ 2 × 2 = 4

9 + $\sqrt{}$ ➡ 3 ⇒ 3 × 3 = 9

16 + $\sqrt{}$ ➡ 4 ⇒ 4 × 4 = 16

두 번 곱하면 숫자키와
동일한 수가 나온다!

계산기를 이용한 √ 계산의 법칙(예상)

A + $\sqrt{}$ ➡ B ⇒ B × B = A

이 된다.

여기서 잠깐 계산기의 편리한 기능을 한 가지 소개한다. 계산기에 나타난 수를 한 번 더 곱할 때는 재차 입력할 필요가 없다. $\times$와 $=$키만 이어서 누르면 된다.

자, 계산기의 키를 다음과 같이 누르면 이러한 결과가 나온다.

1.41421356237 + $\times$ + $=$ ➡ 1.99999999999

1.73205080756 + $\times$ + $=$ ➡ 2.99999999996

2와 3에 무한히 가까운 값이지만 정확히 그 수가 나오지는 않

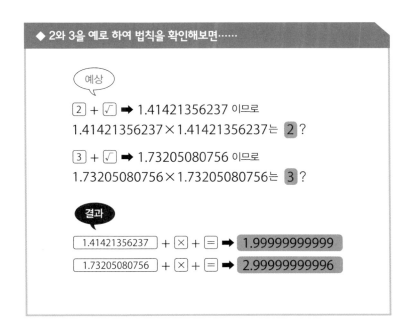

◆ 2와 3을 예로 하여 법칙을 확인해보면……

예상

2 + $\sqrt{}$ ➡ 1.41421356237 이므로
1.41421356237 × 1.41421356237는 **2** ?

3 + $\sqrt{}$ ➡ 1.73205080756 이므로
1.73205080756 × 1.73205080756는 **3** ?

결과

1.41421356237 + $\times$ + $=$ ➡ 1.99999999999

1.73205080756 + $\times$ + $=$ ➡ 2.99999999996

는다. 그렇다면 조금 전의 법칙은 성립하지 않는 것일까?

 무한의 직전까지 표시

2를 B×B의 꼴로 나타내면 B는 약 1.41421356237이라는 뜻이다. 1.41421356237이라는 수는 $\sqrt{2}$의 참값은 아니지만 '그것에 매우 근사한 값'임을 나타낸다. 이것을 기호 ≒(nearly equal)을 사용하여 다음과 같이 나타낼 수 있다.

$$1.41421356237 \times 1.41421356237 \fallingdotseq 2$$
$$\text{또는 } \sqrt{2} \fallingdotseq 1.41421356237$$

$$1.73205080756 \times 1.73205080756 \fallingdotseq 3$$
$$\text{또는 } \sqrt{3} \fallingdotseq 1.73205080756$$

계산기를 이용한 √ 계산의 법칙

A가 제곱수인 경우(예: 1, 4, 9, 16, ……)

$$\boxed{A} + \boxed{\sqrt{\ }} \Rightarrow B \Rightarrow B \times B = \underset{\sim}{A}$$

A가 제곱수가 아닌 경우(예: 2, 3, 5, 6, 7, ……)

$$\boxed{A} + \boxed{\sqrt{\ }} \Rightarrow B \Rightarrow B \times B \fallingdotseq \underset{\sim}{A}$$

$$1.41421356237 \times 1.41421356237 \fallingdotseq 2$$

$$(\text{또는 } \sqrt{2} \fallingdotseq 1.41421356237)$$

$$1.73205080756 \times 1.73205080756 \fallingdotseq 3$$

$$(\text{또는 } \sqrt{3} \fallingdotseq 1.73205080756)$$

이러한 수를 '근삿값'이라고 한다.

계산 결과가 정수로 나오는 경우란 A가 제곱수(1의 제곱, 2의 제곱, 3의 제곱, 4의 제곱)인 경우다. 이 경우에 한해 √ 계산의 결과가 1, 2, 3, 4와 같은 정수로 나온다. 또 A가 제곱수가 아닌 경우 계산기에 표시된 결과는 근삿값이라는 뜻이다.

실제로 √2의 값 1.41421356237……의 소수점 이하는 순환하지 않고 무한히 이어지는 수(무리수)임을 알 수 있다. 계산기로는 표시할 수 있는 자릿수가 한정되어 있어서 끝없이 이어지는 수를 다 구할 수는 없다. 계산기에 표시되는 수까지만 알 수 있을 뿐이다.

 분수의 불가사의에 계산기로 다가가기

앞서 '√2의 값 1.41421356237……의 소수점 이하는 순환하지 않고 무한히 이어지는 수'라고 언급했는데, 이것이 무엇을 뜻하는지 계산기의 도움을 빌려 접근해보자.

다음은 간단한 분수 계산을 계산기로 두드려본 결과다.

1÷2=0.5(유한소수)

1÷3=0.33333333333(순환소수)

1÷4=0.25(유한소수)

1÷5=0.2(유한소수)

1÷6=0.16666666666(순환소수)

1÷7=0.14285714285(순환소수)

1÷8=0.125(유한소수)

1÷9=0.1111111111(순환소수)

1÷10=0.1(유한소수)

1÷11=0.09090909090(순환소수)

※ 계산기에서 끝자리의 0은 표시되지 않는다.

분수 계산 결과는 '나누어 떨어지는 수'와 '나누어 떨어지지 않는 수'로 나뉜다. '나누어 떨어지는 수'를 '유한소수', '나누어 떨어지지 않는 수'를 그 특징으로 미루어 '순환소수(무한 순환소수)'라 부른다.

$\frac{1}{3}$(=1÷3), $\frac{1}{6}$(=1÷6), $\frac{1}{7}$(=1÷7), $\frac{1}{9}$(=1÷9), $\frac{1}{11}$(=1÷11) 등과 같은 분수를 소수로 나타내면 '순환소수'가 된다. 즉 분수는 '유한소수'나 '순환소수' 둘 중 하나다.

$\sqrt{2}$와 같이 순환하지 않고 무한히 이어지는 무한소수를 '무리수'라고 하는 반면 유한소수나 순환소수(분수)는 '유리수'라고 한다.

순환소수는 다음의 그림과 같이 '··'을 이용해 표시한다. 순환하는 가장 짧은 패턴의 양끝 숫자 위에 점을 찍는다. 반복되는 부분을 '순환 마디'라고 한다. 예컨대 $\frac{1}{7}$의 순환 마디는 142857이며 그 길이는 6이다.

$$\frac{1}{3} = 0.33333333333\cdots\cdots = 0.\dot{3}$$

$$\frac{1}{6} = 0.16666666666\cdots\cdots = 0.1\dot{6}$$

$$\frac{1}{7} = 0.14285714285\cdots\cdots = 0.\dot{1}4285\dot{7}$$

$$\frac{1}{9} = 0.11111111111\cdots\cdots = 0.\dot{1}$$

$$\frac{1}{11} = 0.09090909090\cdots\cdots = 0.\dot{0}\dot{9}$$

유리수가 순환소수가 되는 이유는 나눗셈 계산을 통해 확인할 수 있다. 나눗셈을 해서 나온 나머지를 10배 하여 재차 나누어나가는 과정을 반복한다. 만일 어느 단계에서 '이전에 나온 나머지와 같은 값의 나머지'가 나왔다면 그 이후로는 계속 똑같은 계산이 되풀이된다.

그리고 '나머지는 0 이상, 나누는 수보다 작은 수'이므로, 나눗셈을 반복해나가다 보면 동일한 값의 나머지가 나오게 된다.

사실 여기서부터 순환소수의 불가사의가 나타나게 되는데, 계산기의 도움을 받는 것은 여기까지다. 이 이상이 되면 12자릿수까지 나타내주는 계산기로는 더 이상 계산할 수가 없다.

 ## 순환 마디에서 보이는 분수의 불가사의

그렇다면 1을 나누는 수가 소수(素數, 2와 5를 제외)인 경우 그 결과는 순환소수가 되므로 순환 마디와 순환 마디의 길이를 확인해보자. 나누는 수인 소수와 순환 마디의 길이 사이에 어떤 관계가 있는지 찾아낼 수 있을 것이다.

p=7일 때, p−1=6의 약수(1, 2, 3, 6), 순환 마디의 길이는 6

p=11일 때, p−1=10의 약수(1, 2, 5, 10), 순환 마디의 길이는 2

p=13일 때, p−1=12의 약수(1, 2, 3, 4, 6, 12), 순환 마디의 길이는 6

이것을 통해 2와 5 이외의 소수 p에 대해서 유리수 $\frac{1}{p}$의 순환 마디의 길이는 p−1의 약수임을 알 수 있다.

그렇다면 소수 p와 순환 마디 사이에 성립하는 조금 더 분명한 관계를 찾을 수는 없을까? 즉 순환 마디의 길이를 소수 p로 나타낼 수 있는가에 대한 문제를 생각해볼 수 있다.

불가사의하게도 이 부분은 아직 밝혀지지 않았다.

결국 소수의 수수께끼로 귀착한다. 소수 하면 난제 '리만 가

소수 p	$\frac{1}{p}$ 의 순환 마디	순환 마디의 길이
3	3	1
7	142857	6
11	09	2
13	076923	6
17	0588235294117647	16
19	052631578947368421	18
23	0434782608695652173913	22
29	0344827586206896551724137931	28
31	032258064516129	15
37	027	3
41	02439	5
43	023255813953488372093	21
47	0212765957446808510638297872340425531914893617	46
53	0188679245283	13
59	0169491525423728813559322033898305084745762711864406779661	58
61	016393442622950819672131147540983606557377049180327868852459	60
67	014925373134328358208955223880597	33
71	01408450704225352112676056338028169	35
73	01369863	8
79	0126582278481	13
83	01204819277108433734939759036144578313253	41
89	01123595505617977528089887640449438202247191	44
97	010309278350515463917525773195876288659793814432989690721649484536082474226804123711340206185567	96

설'(180~182쪽)이 떠오른다. 계산기로 시작한 분수의 계산이 리만 가설로 이어지다니 놀라울 따름이다.

 ## 수의 수수께끼를 장악한 소수

√의 수수께끼에서 분수의 수수께끼로 이어지고, 마지막에는 리만 가설에 대한 이야기까지 나왔다.

2500년 전 피타고라스는 $\sqrt{2}$를 분수로 표현할 수 없음을 알게 되는데 물론 당시에는 계산기가 없었다. 그 후로도 20세기 후반까지 지구상에 계산기는 존재하지 않았다.

즉 선구자들은 그때까지 손계산만으로 수 세계의 배후에 감추어진 장대한 수학을 발견해온 것이다. 그 수학의 발전 끝에 전자계산기가 발명되었다(참고로 전자계산기는 일본인이 발명했다). 즉 계산기는 수학의 진수가 응축된 산물이다.

선구자들이 방대한 손계산으로 어렵게 손에 넣은 결과 혹은 그렇게 열심히 했음에도 얻지 못했던 결과를 우리 현대인은 키만 톡톡 두드려도 구할 수 있게 되었다. 우리가 계산기의 키를 두드리는 일은 그 오랜 연구의 일부를 **빼**내는 작업이라 할 수 있다. 계산기를 그저 계산을 위해서 존재하는 물건으로 여긴다면 아깝기 그지없다.

평소 사용하지 않던 키를 눌러보자. 손으로 풀던 문제를 계산기로 풀어보자. 그러면 거기에서 새로운 풍경이 보일 것이다. 수를 접하는 최초의 계기로 삼기에 전자계산기만 한 것이 없다.

우리를 수의 세계로 빠르게 인도해줄 훌륭한 교통수단이 바로 전자계산기다.

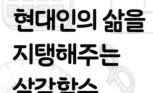

현대인의 삶을
지탱해주는
삼각함수

sin의 어원은 주름?

고등학교 때 배웠던 삼각함수를 기억하는가? sin, cos을 이용해 끙끙대며 문제를 풀던 기억이 떠오르는 사람도 있으리라.

잠시 복습할 겸 다음의 그림을 보도록 하자.

각 C가 직각(90도)인 직각삼각형 ABC가 있다. 변 BC=a, 변 CA=b, 변 AB=c일 때, 각 A의 크기가 정해지면 삼각형의 크기에 상관없이 각 변의 길이의 비($\frac{a}{c}$, $\frac{b}{c}$, $\frac{a}{b}$)는 일정해진다. 이 각 변의 길이의 비를 sin(사인), cos(코사인), tan(탄젠트)라고 하며 이것을 '삼각비'라 부른다.

삼각함수는 어떻게 발전되어왔을까? 그 배경에는 수학자와 천문학자의 순탄치 않았던 여정과 지혜로움이 있었다.

천문학자를 괴롭혀온 복잡한 계산 중 하나가 삼각함수다. 삼

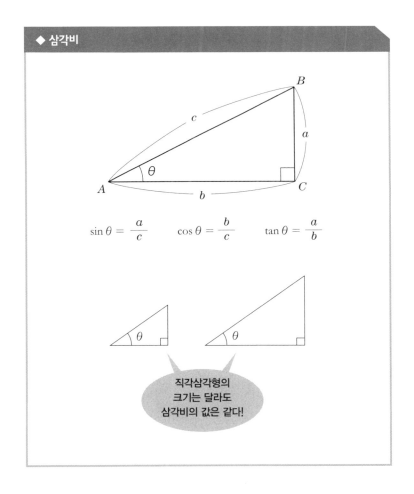

◆ 삼각비

$$\sin \theta = \frac{a}{c} \qquad \cos \theta = \frac{b}{c} \qquad \tan \theta = \frac{a}{b}$$

직각삼각형의
크기는 달라도
삼각비의 값은 같다!

각(도)	sin	cos	tan
0.0	0.0000	1.0000	0.0000
0.5	0.0087	1.0000	0.0087
1.0	0.0175	0.9998	0.0175
1.5	0.0262	0.9997	0.0262
2.0	0.0349	0.9994	0.0349
2.5	0.0436	0.9990	0.0437
3.0	0.0523	0.9986	0.0524
3.5	0.0610	0.9981	0.0612
⋮	⋮	⋮	⋮

각함수는 직각삼각형의 각과 변의 관계를 비로 나타낸 것으로 '삼각법'에서 탄생했다. 삼각법은 영어로 trigonometry이며 '삼각형의 측량'을 뜻한다.

삼각법과 삼각함수는 4000년 전 고대 이집트에서 시작되어 고대 그리스 천문학자 히파르코스(Hipparchos)와 프톨레마이오스 (Ptolemaeus) 등에 의해 천문학의 일부로서 연구되었다.

프톨레마이오스는 중심각이 0도에서 180도까지인 현의 길이를 0.5도 간격으로 구하여 표로 만들었다. 그 연구는 나중에 인도로 전해져 각과 변의 길이를 정확하게 정리한 '삼각함수표'라는 수표로 만들어진다.

sin의 어원에는 삼각함수의 역사가 담겨 있다. 일찍이 인도에서는 sin을 활시위의 '현'을 뜻하는 'jya'라고 불렀다. 그것이 돌고 돌아 아라비아에서는 이 단어를 '접힘'을 뜻하는 'jaib'라고 부르게 되었고, 12세기 유럽 수학자들에 의해 라틴어로 번역되는 과정에서 '옷 주름, 접힘'을 뜻하는 단어 'sinus'로 쓰이게 되었다.

현재 쓰는 sin, cos 등의 용어가 정착한 것은 18세기로 수학자 오일러(34쪽)가 활약했던 시대다. 긴 여로를 거쳐 이윽고 현재의 모습에 이른 것이다.

별빛이 인도해준 삼각함수

삼각함수표는 주로 천문학, 측량, 항해술 분야에서 쓰였다. 그 중에서도 천문학 분야의 구면상의 삼각형을 다루는 '구면삼각법'에서 삼각함수의 곱셈 계산에 사용되었다.

사실 17세기에 네이피어가 창안한 '로그'라는 획기적인 계산 방법(58쪽)도 천문학자에게 필요했던 삼각함수 계산을 돕기 위한 것이었다.

별의 운행을 계산하기 위해 삼각함수표를 만든 프톨레마이오스는 원에 내접하는 사각형 ABCD에서 변의 길이 사이의 관계성을 찾아냈다.

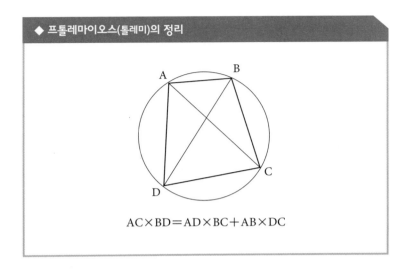

◆ 프톨레마이오스(톨레미)의 정리

$$AC \times BD = AD \times BC + AB \times DC$$

위 그림을 보자. 그는 'AC×BD의 값이 AD×BC+AB×DC와 같다'는 사실을 발견했다. 이것이 '프톨레마이오스의 정리(프톨 레마이오스의 영어 이름을 써서 '톨레미의 정리'라고도 함—옮긴이)'다. 삼 각함수와 로그는 별빛에 인도되어 인류가 손에 넣은 언어였다. 우리가 끊임없이 지구를 측량(geometry, 기하학)해오는 과정에서 만들어진 새로운 언어이자 도구였던 셈이다.

그 역사를 알고나면 무미건조하게 느껴지던 삼각함수에 대한 인상이 조금은 달라지지 않을까?

생활 속에 숨어 있는 삼각함수

현재 삼각함수는 이미지와 사운드 데이터의 압축 기술에 이용되고 있다.

인터넷상의 정보량은 나날이 증대하고 있고, 그 정보를 전달하는 데 고성능 압축기술이 필수 불가결한 존재가 되었다. 이미지 압축에는 JPEG, 사운드·동영상 압축에는 MPEG 방식이 잘 알려져 있다.

본래 아날로그 데이터인 이미지, 사운드, 동영상은 디지털 데이터로 변환되어 압축된다. 정보를 압축할 때는 먼저 정보의 변환이 이루어져야 한다.

예컨대 'ㅅㅅㅅㅅㅜㅜㅜㅜㅎㅎㅎㅎㅏㅏㅏㅏㅏㄱㄱ'이라는 20문자 데이터를 'ㅅ5ㅜ4ㅎ3ㅏ6ㄱ2'로 표현하면 10문자 데이터로 압축된다. 이것이 데이터 압축의 기본 원리다. 이 방법으로 압축한 데이터는 압축을 해제했을 때 원래대로 완전히 복원된다.

이미지나 사운드 데이터의 압축은 인간의 눈과 귀로 감지하기 어려운 부분을 무시하는 원리를 이용해 데이터를 줄인다.

우리의 시각과 청각은 낮은 주파수 대역에는 민감하지만 높은 주파수 성분에는 둔감하다. 그렇기 때문에 주파수가 높은 성분의 데이터를 무시해도 어차피 잘 감지하지 못하는 영역이라

$$X_k = \sum_{n=0}^{N-1} x_n \cos\left\{\frac{\pi}{N}\left(n + \frac{1}{2}\right)k\right\}$$

화질이나 음질이 다소 떨어져도 별 차이를 느끼지 못한다. 여기에 데이터 압축의 비밀이 있다.

이때 사용되는 기본적인 기술이 '이산 코사인 변환(discrete cosine transform)'이라 불리는 방식이다. 그 덕택에 데이터를 극적으로 축소시킬 수 있게 되었지만 이 방식으로 압축한 데이터는 해제해도 압축 이전 상태로 완전히 복원되지는 않는다.

위 그림을 살펴보자. 수식에 cos이 포함되어 있다. 이처럼 인터넷상에서 주고받는 이미지, 사운드, 동영상의 압축 기술에는 삼각함수가 이용된다.

고대 그리스 이래로 2000년이 넘는 세월 동안 우리는 삼각함수와 함께 발전해왔다.

'삼각함수, 배워봐야 어디에다 써먹겠어?' 학창시절 한 번쯤 이런 생각을 해본 적이 있을 것이다. 당치도 않은 소리! 삼각함수야말로 인터넷 시대를 사는 우리 현대인의 삶을 굳건히 지탱해주는 존재다.

일찍이 용감하게 망망대해로 나아갔던 인류는 현재 인터넷이라는 새로운 바다를 항해하고 있다. 삼각함수는 끊임없이 진화하는 세계의 나침반 역할을 하며 지금도 우리 삶 속에 살아 숨쉬고 있다.

81가지가 아닌 36가지 구구단은?

 외울 필요 없는 구구단이 있다

현대 초등학교 수학 교과서에는 곱셈 구구단이 '일일은 일(1×1)'부터 '구구 팔십일'(9×9)까지 81가지가 나온다. 그런데 일본의 에도시대에는 구구단이 36가지뿐이었다.

보통 구구단을 외울 때 1단부터 순차적으로 외워나가는데, 1단을 꼭 외워야 하는가에 대해 의문을 가져본 적은 없는가? 보통 초등학교에서 구구단을 외울 때 1단을 생략하고 2단부터 순차적으로 외워나가는데, 이는 1단의 곱하기는 곱한 자신의 수가 나오므로 굳이 외울 필요가 없기 때문이다. 1단의 곱하는 수와 곱해지는 수의 순서를 뒤바꾼 곱셈(2×1,3×1 등)도 마찬가지다. 이것을 합하면 17가지(9+8)를 생략할 수 있다.

기왕 외울 바에는 곱하는 수가 작은 구구단으로 외우는 편이 쉬울 것이다. 예컨대 3×9=27을 외워두면 9×3=27은 새삼스레 외울 필요가 없다. 즉 '작은 수A×큰 수B'를 외워두면 '큰 수B×작은 수A'는 따로 외우지 않아도 된다.

3×2=6, 4×2=8, 4×3=12, 5×2=10, 5×3=15, 5×4=20, ……, 9×5=45, 9×6=54, 9×7=63, 9×8=72

이렇게 하면 28가지(1+2+3+4+5+6+7)를 더 생략할 수 있다.

◆ 구구단은 36가지만 외우면 OK!

1×1	2×1	3×1	4×1	5×1	6×1	7×1	8×1	9×1
1×2	2×2	3×2	4×2	5×2	6×2	7×2	8×2	9×2
1×3	2×3	3×3	4×3	5×3	6×3	7×3	8×3	9×3
1×4	2×4	3×4	4×4	5×4	6×4	7×4	8×4	9×4
1×5	2×5	3×5	4×5	5×5	6×5	7×5	8×5	9×5
1×6	2×6	3×6	4×6	5×6	6×6	7×6	8×6	9×6
1×7	2×7	3×7	4×7	5×7	6×7	7×7	8×7	9×7
1×8	2×8	3×8	4×8	5×8	6×8	7×8	8×8	9×8
1×9	2×9	3×9	4×9	5×9	6×9	7×9	8×9	9×9

다 합해서 45가지(17+28)는 외울 필요가 없음을 알 수 있다. 결국 꼭 외워야 하는 구구단은 36가지(81-45)가 전부다. 81가지나 되는 구구단 가운데 그 절반 이상인 45가지는 외우지 않아도 되었던 셈이다. '그럼 애당초 꼭 외워야 할 36가지만 교과서에 실었으면 좋았을 걸……' 하는 생각이 들 법도 하다.

 ## 과거 교과서의 구구단은 합리적

실제로 그런 교과서가 있었다. 그것은 바로 요시다 미츠요시(吉田光由)가 1627년에 쓴『진겁기』다. 갖가지 생활수학을 내용으로 하는『진겁기』는 집집마다 한 권씩 비치할 정도로 에도시대의 베스트셀러였다고 알려져 있다. 데라코야(서당과 비슷한 에도시대의 사설 교육기관-옮긴이)의 교과서로 보급되어 서민들에게 수학에 흥미를 가지는 계기를 제공한 수학의 원전이다. 이『진겁기』에 구구단은 36가지로 간추려서 정리되어 있다.

 ## 실용적이고 다채로운『진겁기』의 수학 문제

『진겁기』에 구구단은 36가지만 소개되어 있지만, '명수법'(수를 세는 법)에 대해서는 단위가 큰 어려운 수도 나온다.

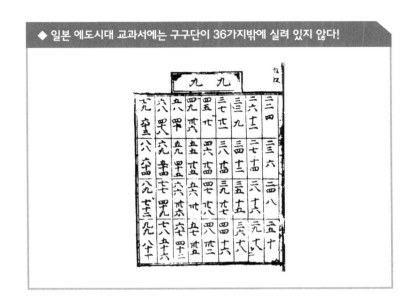

『진겁기』는 명수법, 단위, 곱셈 구구단, 주판 사용법 등 기초
지식을 비롯하여 삼나무 가마니, 비단도둑, 쥐의 번식, 기름 나
누기 등 실제 생활의 소재를 다룬 문제, 또 상업의 금리, 급여
계산, 토목의 넓이와 부피 계산 등 실용적인 계산문제에 이르기
까지 다채로운 문제로 가득하다.

　이런 문제를 곱셈을 이용해 풀이하면 그 답이 되는 수가 상당
히 커지기도 한다. 『진겁기』에는 현재 사용하는 일, 십, 백, 천,
만, 억, 조, 경뿐만 아니라 잘 사용하지 않는 나유타, 불가사의,
무량대수 등의 명수법도 나온다. 그런데 현대에는 거의 사용할

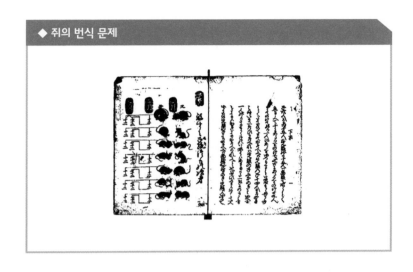

일 없는 큰 수를 에도시대 사람들은 왜 익힌 것일까?

『진겁기』의 문제를 직접 풀어보면 그 답을 알 수 있다.

예를 들어 '쥐의 번식'을 소재로 한 문제를 살펴보자. '쥐 부부 한 쌍이 1월에 아기 쥐를 12마리 낳았다. 아기 쥐를 암수 반반씩 낳았다고 치면, 부부 쥐와 합해 총 7쌍의 부부가 생겨난다. 2월에는 각각의 부부 쥐가 아기 쥐를 낳았다. 계속 이렇게 나간다면 12월 말에는 모두 몇 마리가 될까?'라는 문제다.

그 답은 276억 8,257만 4,402(2×7^{12})마리다.

참고로 일본에서는 무언가가 기하급수적으로 늘어날 때 '쥐가 번식하듯 늘어난다'라고 표현하는데 이 문제에서 비롯된 말

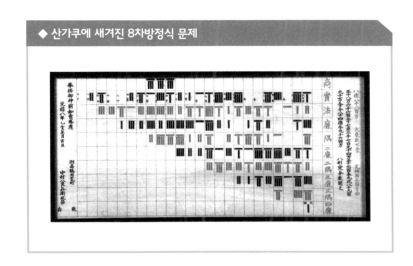

이다.

1695년 온가(遠賀)신사(야마가타 현)에 봉납된 산가쿠(算額)에는 다음과 같은 8차방정식 문제도 있다.

'어느 수를 8제곱하면 3,866해 3,727경 9,427조 0,989억 9,008만 4,096이 된다고 한다. 그 수를 구하라.' 그 풀이법과 답 (888)은 '산가쿠'라 불리는 목판에 새겨져 있다(에도시대에는 이렇게 수학문제를 만들고 그 결과를 목판에 새겨 절이나 신사에 봉납했다고 한다 ─ 옮긴이).

이 두 문제 모두 오늘날의 시험에는 나올 법하지 않은 자릿수다. 대학입시 문제에도 출제되지 않을 것 같은 스케일의 문제를 일본의 에도시대에는 전국에서 경합하듯 풀었다니 그야말로 퀴즈를 푸는 것 자체를 즐겼던 게 아닐까?

에도시대에는 실용적인 측면에서 큰 단위의 수가 필요했다기보다 퀴즈를 풀기 위해 존재했다고 볼 수 있다. 가만 보면 일본인의 퀴즈 사랑은 오늘날 시작된 것이 아니라 이미 예전부터 그 조짐이 있었던 것 같다.

『진겁기』의 다양한 매력을 한마디로 표현하기는 어렵지만 그중 하나를 꼽으라면 삽화를 들 수 있다. 책장을 넘기는 동안 귀엽고 재미있게 그려진 삽화에 시선이 빼앗겨 자신도 모르게 그 문제에 빨려 들어간다.

『진겁기』는 재미있는 문제와 삽화로 아이들을 사로잡아 수학의 매력에 빠져들게 했다는 점에서 좋은 책이라고 할 수 있다. 어린이들에게 '수학을 순수하게 즐기는 마음'을 키워준 훌륭한 교과서였던 것이다.

에도시대의 곱셈 구구단은 합리적이었다. 쓸데없이 81가지나 외우게 하는 일 따위는 없었다. 그리고 『진겁기』에는 무심코 풀어보고 싶게 만드는 퀴즈가 훌륭한 삽화와 함께 가득 실려 있다. 만일 교과서에 삽화 하나 없이 딱딱한 문제만 빼곡했다면 누가 수학을 즐거워했을까? 모처럼 수에 흥미를 느꼈다가도 따분하고 지루한 구성 때문에 그 매력이 뚝 떨어졌을 것이다.

아이들에게 '수'를 가르치는 첫걸음은 재미와 아기자기함을 살리고 거기에 약간의 신기함까지 더해서 시작해야 한다. 『진겁기』를 비롯해 수많은 에도시대의 수학에서 엿보이는 '수의 재미를 전달하는 자세'는 수학의 매력을 알리는 직업을 가진 내게 좋은 모범이 되어준다.

감동적인
수학자 이야기
다카기 데이지

다카기 데이지(高木貞治, 1875~1960)
국제적으로 활약한 근대 일본의 첫 수학자.
대수적 정수론의 연구에서 '유체론'을 확립

노벨상 이상의 가치가 있는 필즈상

많은 사람들이 수학이라는 학문을 다소 낯설게 여긴다. 그 원인
으로는 수학이 다른 자연과학이나 공학 계열 분야와 눈에 띄게
다른 특징을 지녔다는 점을 들 수 있다.

　바로 '수학 분야에는 노벨상이 없다'는 점이다. 물리학 분야에
는 노벨상이 있어서 일본인이 수상자로 선정되면 언론이나 사
람들 사이에서 조금이나마 화제가 된다. 만일 노벨 수학상이 있
었다면 사정은 달랐을까?

노벨상이 없는 수학 분야에서 필즈상은 수학의 최고 권위를 자랑하는 상이다. 필즈상은 '4년에 한 번, 최대 네 명, 40세 이하'라는 까다로운 조건을 충족하는 수학자에게 수여된다.

노벨상에는 연령제한이 없어서 나이가 많은 수상자가 드물지 않다. 그에 비해 수학의 필즈상은 젊은 현역 연구자에게 수여된다.

국가별 수상자를 보면 미국, 프랑스, 러시아, 영국인 수상자가 압도적으로 많다(아시아에서는 베트남인 1명과 일본인 3명). 그리고 아시아에서는 이러한 명예로운 상의 수상자가 있음에도 그다지 언급되는 일이 없다.

물리학의 경우 연구 대상이 우주나 물질의 원리 등이라 난해하기는 해도 일반에게 알려져 있는 분야다. 또 그러한 연구는 사회에 응용할 수 있는 '실리적'인 측면이 있다는 점도 한몫한다. 반면 수학은 '연구 대상'과 '실리적'인 측면 모두 일반인들에게 잘 와닿지 않는 부분이 있어서 그런 건지도 모르겠다.

그렇지만 세계를 이끌어가는 독창적인 연구, 개성적인 수학자의 인생은 재미있고 감동적인 에피소드로 가득하다.

이 책에서는 근대의 국제적인 수학자이자 제1회 필즈상 수상자의 선정위원이기도 했던 다카기 데이지를 소개할까 한다.

장대하고도 아름다운 유체론

'유체론'에 대해 조금 이야기하자면 이제까지 힐베르트
에게 속고 있었던 셈이다. 속았다는 표현이 좀 그렇지만 받아
들이는 쪽에서 멋대로 속은 것이다. 그의 이론을 잘못 해석한
탓이다.

　　　　　　　　　　　　　　　－다카기 데이지 저 『근세수학사담』

'유체론(類體論)'이란 20세기 수학의 금자탑이라고 할 만큼 장
대하고 아름다운 이론으로, 이 이론에 의해 수학자 다카기 데이
지의 이름이 세상에 널리 알려지게 되었다. 그렇다면 '유체론'이
란 대체 어떤 이론일까?

먼저 소수에 대해 생각해보기로 하자. 소수란 '1'과 자기 자신
만을 약수로 가지는 자연수를 말한다. 모든 자연수는 소수로부
터 성립한다. 실제로 정수에 대해 연구하는 정수론은 수의 기본
단위인 소수의 성질을 밝히는 것이 큰 목적이다. 소립자 물리학
에서 모든 물질의 기본 요소인 소립자의 성질과 구조를 연구하
는 것과 매한가지다.

원자의 세계에 주기성이 있듯이 소수의 세계에도 주기성이
있다. 소수를 나열하면 다음의 그림과 같이 무수히 이어진다.

참고로 유클리드(에우클레이데스)는 2000년도 더 이전에 소수의

무한성 정리를 탁월하게 증명했다(184쪽 참조).

유클리드
(Euclid, B.C. 365?~300?)

이 무수히 존재하는 소수를 분류해보자. 2 외의 소수는 모두 홀수이므로(2는 유일하게 짝수인 소수다) 각각을 4로 나누어보면 나머지는 1 또는 3이 된다.

이 두 그룹의 소수에는 어떤 차이가 있을까?

17세기에 페르마는 다음과 같은 현상을 발견했다.

◆ 소수는 두 그룹으로 나뉜다

4로 나누면 1이 남는 그룹
$p \equiv 1 \pmod 4$

5, 13, 17, 29, 37, 41, 53, 61, 73, 89, 97, 101, 109, 113, ……

4로 나누면 3이 남는 그룹
$p \equiv 3 \pmod 4$

3, 7, 11, 19, 23, 31, 43, 47, 59, 67, 71, 79, 83, 103, 107, ……

소수가 두 그룹으로 나뉘었다!!

◆ '4로 나누면 1이 남는 소수'를 $x^2 = y^2$의 형태로 분해하면……

$$5 = 2^2 + 1^2 = (2+i)(2-i)$$
$$13 = 3^2 + 2^2 = (3+2i)(3-2i)$$

i는 허수단위야, $i^2 = -1$ 이지?

'4로 나누면 1이 남는 소수 p'는 '$x^2+y^2=(x+yi)(x-yi)$ $(x, y$는 정수)'의 형태로 나타낼 수 있다. 수학 전문용어로는 "p=$x^2+y^2=(x+yi)(x-yi)$가 되어 2차체($次体$) $Q(i)$의 정수환($整數環$, 정수 전체의 집합이 이루는 환) $z(i)$에서 두 곱으로 분해한다"라고 말한다.

페르마
(Pierre de Fermat, 1607?~1665)

이러한 현상이 왜 일어나는지 그것의 배경 원리를 깊이 파헤치는 이론이 정수론인데 그중 하나가 유체론이다. 그야말로 소립자물리학이 원자 세계의 배후에 있는 원리를 찾아내는 학문인 것과 마찬가지다.

굳이 전문용어로 표현하면 다음과 같다. "대수체 K의 아벨 (N.H. Abel, 5차방정식의 일반해가 없음을 증명한 수학자—옮긴이) 확대체는 K의 정수환의 소이데알의 분해의 양자에 의해 특징지어진다."(143~144쪽 참조)

이것이 바로 다카기 데이지가 세운 유체론이다.

1857년 독일의 수학자 레오폴드 크로네커(Leopold Kronecker)는 난제 '크로네커의 청춘의 꿈'을 내놓는다. 이 수학의 꿈은 유체

론의 완성과 더불어 1920년에 다카기 데이지에 의해 완전하고
도 긍정적으로 해결된다.

 동양인으로 첫 도전!

'유체론'과 '크로네커의 청춘의 꿈'에 대해서는 뒤에서 설명하기
로 하고, 다카기가 수학의 길로 들어서 유체론의 완성에 이르기
까지 어떤 과정을 거쳤는지 알아보자.

초등학교 시절 다카기는 동급생이 곤충채집을 하러 들과 산
으로 돌아다닐 때 이를 거들떠보지도 않고 공부에 매진했다. 성
적은 모두 '수'였다. 같은 반 친구들은 부모님에게 "회계사네 도
련님 좀 보고 배워라"는 꾸중을 듣곤 했다(데이지의 양아버지가 공
공사업장의 회계사였다).

중학교에서도 성적은 1등이었으며 특히 한문, 영어, 수학을
잘했다. 이윽고 교토 다이산고등학교(교토대학의 전신) 때 수학을
지망하게 되었다.

다카기는 19세 때 도쿄제국대학 수학과(현재 도쿄대학 이학부 수
학과)에 입학했다. 때마침 기쿠치 다이로쿠와 후지사와 리키타
로가 교수로 재직 중이었다. 기쿠치 다이로쿠는 도쿄제국대학
총장과 문부대신을 겸임한 수학자이자 정치가였고, 후지사와

리키타로는 유럽의 첨단수학을 배워 일본에 들여온 최초의 인물이다.

후지사와는 교육과정에 '수학 강구(講究, 학문을 깊이 공부함)'를 도입하여 연구자 육성에 힘쓰는 등 수학교육에 온힘을 기울였다. 다카기를 독일 유학길에 오르게 한 것도 후지사와의 조언 때문이었다.

 기쿠치 다이로쿠
(菊池大麓, 1855~1917)

 후지사와 리키타로
(藤沢利喜太郎,
1861~1933)

23세에 떠난 독일 유학이 이후 다카기의 진로를 결정짓는다. 베를린대학교에서는 대수학 연구로 유명한 프로베니우스를, 그다음 괴팅겐대학교에서는 '불변식론' 등의 연구 업적을 남긴 힐베르트를 만난다.

 페르디난트 프로베니우스
(Ferdinand G.
Frobenius, 1849~1917)

 다비드 힐베르트
(David Hilbert,
1862~1943)

당시 수학계의 중심지에서 공부를 했던 그는 유학생활에 대해서는 짤막한 회고만을 남겼다.

📖 이런저런 이유로, 유학을 나설 때는 기세등등했건만, 돌아올 때는 기가 꺾여서 귀국한 상황이었다. 하지만 렘니스케이트 건(件)만큼은 미숙하나마 논문으로 정리하여 힐베르트에게 보여주었다. 힐베르트는 그것을 박사학위 논문으로 여긴 듯했으나 당시 일본도 상당히 긍지가 높아져 유학생이 독일에서 박사학위를 취득할 필요는 없는 분위기가 대세였기에 나도 그 논문을 가지고 돌아와 일본에서 학위를 받았다. 독일에서 가져온 기념품이 있다면 그것 정도일까?

─다카기 데이지 저 『근세수학사담』

독일 유학 당시 '대수적 정수론'을 연구하기로 결정했던 다카기의 판단이 세계의 추세에 좌우되어 흔들리는 일은 없었다는 이야기다. 괴팅겐대학교 이외에는 전 세계 어디에서도 연구되지 않았던 분야였고 하물며 동양인 중에는 누구도 연구하려 들지 않았던 분야였음에도 다카기는 거침없이 정진했다.

1898년 유학 당시 다카기가 쓴 『신찬산술(新撰算術)』에서 수학에 대한 그의 입각점을 엿볼 수 있다. 1891년 이탈리아의 수학자 주세페 페아노(Giuseppe Peano, 자연수 개념을 수학적으로 정리함─옮긴이)가 전개한 '페아노의 공리'와는 별개로 고안된 자연수론이다.

다카기는 자연수를 정의하고 그로부터 실수를 공리적으로 구성했다. 나아가 1904년의 『신식산술강의』에서는 새로이 실수를 논한다. 다카기는 '수의 개념은 무엇일까?'라는 가장 근본적인 물음을 던지고, 그것을 연구의 기초로 삼았다. 그러한 다카기의 자세는 현대에 와서도 계속 읽혀지는 베스트셀러『해석개론』(1938)에도 나타난다.

그러나 유체론이 완성되기까지는 아직 하나의 행운이 더 필요했다. 바로 서양과 동떨어진 시간과 공간이었다.

크로네커의 청춘의 꿈

나는 무언가 자극이 없으면 아무것도 못하는 성향을 가진 인간이다. 지금과 달리 일본에서는 같은 분야의 경쟁자가 거의 없었기에 자극을 받지 못했다. 아무 생각 없이 살아가도 되는 시대였다. 그래서 아무것도 하지 않고 지낸 그 시간 동안 오늘날의 '유체론'을 생각해낸 것이 아니냐고 추측할지 모르지만 물론 그렇지 않다.

그러다가 1914년에 세계대전이 시작되었는데 그것이 내게는 좋은 자극이 되었다. 자극이라 해야 할까 기회라 해야 할까,

자극이라면 부정적인 자극이었다. 유럽에서 책을 들여오지 못하게 되었던 것이다. 그 무렵 누군가가 독일에서 책을 들여올 수 없게 되었으니 일본에서 학문을 하는 것 자체가 불가능하다는 식의 말을 했던 것 같기도 하고, 아니 신문에 그런 식으로 동정하고 조롱하는 글이 실렸던 것 같기도 하다. 여하튼 그런 시대였다. 서양으로부터 책을 받아보지 못하게 되었으니 학문을 하고자 하면 스스로 하는 수밖에 없었다. 분명 세계대전이 일어나지 않았다면 나 따위는 아무것도 하지 못한 채 끝났을지도 모른다.

—다카기 데이지 저 『근세수학사담』

제1차 세계대전이라는 인류에게 불행한 사건이 다카기에게는 수학연구를 향한 각오를 다지게 하는 기회가 된 것이다. 그리고 마침내 여러 해에 걸친 다카기의 연구가 여기서 꽃피운다.

대수적 정수론 가운데 꽤 어려운 '아벨 확대체'라는 개념이 있다. 일단 3차방정식을 떠올려보자.

3차방정식에는 반드시 세 개의 해가 있다. 이 해들 사이에는 어떤 관계가 존재한다. 그것이 '군(群)'이라는 개념이다. 젊은 수학자 갈루아는 이 '군론'을 창시하고 스물한 살의 젊은 나이에 세상을 떠났다. 또 5차 이상의 방정식에는 근의 공식이 존재하지 않음을 증명한 수학자 아벨 또한 젊은 나이에 생을 마감했다.

갈루아
(Évariste Galois,
1811~1832)

아벨
(N.H. Abel,
1802~1829)

이 방정식의 해가 어떤 조건을 충족하면 아벨 확대체가 된다는 것까지는 밝혀져 있었다. 독일 수학자 크로네커는 이를 역으로 생각했다. 아벨 확대체라면 어떤 조건을 충족한다고 본 것이다. 이것이 '크로네커의 정리'다.

참고로 크로네커는 1849년에 학위를 취득한 뒤 학계를 떠나 은행원 등 다른 직업에 종사했다. 그러다가 8년 뒤 청춘의 꿈을 쫓아 학계로 복귀한 색다른 이력을 가진 수학자다.

그런데 크로네커의 정리의 조건에는 '유리수체 Q'라는 것이 있는데, 이것이 '허수 이차수체(虛數 二次數體)'라 알려진 더 큰 범

◆ 크로네커의 정리

유리수체 Q의 유한차 확대체에서, Q의 아벨 확대체인 것은 어떤 n≧1에 대해서 Q에 1의 원시 n제곱근 ζ_n을 첨가한 체 Q(ζ_n)의 부분체로서 얻을 수 있다.

위의 세계에서도 성립할 것이라는 가설을 세우게 된다. 그 가설을 '크로네커의 청춘의 꿈'이라 부른다.

레오폴드 크로네커
(Leopold Kronecker, 1823~1891)

 ## 유체론으로 청춘의 꿈이 실현되다

다카기는 독일 유학중에 크로네커의 청춘의 꿈을 일부 해결하는 데 성공한다. 그는 아벨 확대체에 제한을 둔 유체를 생각해냈다. 그리고 독일의 수학자들은 유체 너머에 있는 특별한 유체를 생각함으로써 크로네커의 청춘의 꿈에 다가가고자 했다.

귀국 후 제1차 세계대전이 시작되어 서양에서 일본으로 들어오던 정보가 일체 끊기자 다카기는 혼자 힘으로 연구에 집중해서 더 깊이 파헤쳐나간다. 다카기가 취한 방향은 유체 그 자체를 철저하게 추구하는 일이었다. 그리고 마침내 "아벨 확대체는 유체다"라는 증명에 성공한다.

1920년 다카기는 논문 「상대 아벨 수체의 이론에 대해서」를 통해 크로네커의 청춘의 꿈을 완전히 해결했다.

# 유체론, 그후

1925년 대수학을 연구한 독일의 수학자 헬무트 하세(Helmut Hasse)는 다카기의 이론을 소개했다. 1927년 추상수학의 선구자인 오스트리아의 수학자 에밀 아르틴(Emil Artin)은 유체론에 중요한 보충을 덧붙인다. 복잡하고 난해한 유체론은 프랑스의 수학자 자크 에르브랑(Jacques Herbrand)과 클로드 슈발레(Claude Chevalley) 등에 의해 간이화, 산술화되면서 세계가 다카기의 뒤를 쫓기 시작한다.

제2차 세계대전 이후에도 유체론은 계속 발전해나갔다. 전 세계를 석권한 다카기의 이론은 20세기 수학의 금자탑으로 일컬어진다. 1932년에는 제1회 필즈상 수상자 선정위원으로 선출되고 1955년에는 일본 닛코에서 개최된 '대수적 정수론 국제회의' 명예의장을 역임하는 등 많은 수학자들에게 영향을 주었다.

역사는 되풀이된다고 하더니, 제1차 세계대전 이후 20년이 지나 또다시 세계대전이 일어났다. 어쩌면 되풀이라기보다 연속이라고도 볼 수 있는데, 학술서와 학술지의 수입이 또다시 끊겼다. 본래 제1차 세계대전 후에 발흥한 현재의 추상수학은 언제 그랬냐는 듯이 고전수학에 대한 전면적이고 철저한 재검토라는 입장을 취하기에 이르렀다. 이제 막 시작된 이 방법이 앞으로 발전해나갈지는 예측하기 어렵지만 지금까지 상황만 봐도 상당히 참신하고 유쾌한 성과를 올리고 있음은 부정할 수 없다. 학술적 교류가 끊겼던 당시 약간 기선제압을 당한 느낌이 없지 않았으나, 나는 평화를 되찾은 뒤 뚜껑을 열었을 때 일본 수학이 눈부신 기여를 하게 되기를 간절히 바란다.

―다카기 데이지 저 『근세수학사담』

전쟁이라는 불가항력적인 상황에서 다카기는 자신의 수학적 발판을 잃지 않고 세계에 용감하게 맞서 승리를 거머쥐었다. 다카기의 뒷모습은 그 뒤를 잇는 다른 수학자들에게 큰 용기를 주었다.

1875년	4월 21일 기후현 모토초군 이토누키초 출생
1882년	잇시키초등학교 입학
1886년	기후현 진조중학교 입학
1891년	교토 다이산고등학교 입학
1894년	도쿄제국대학 수학과 입학
1897년	도쿄제국대학 수학과 졸업, 대학원 입학
1898년	문부성 파견 유학생으로 독일 유학
1901년	독일에서 귀국, 도쿄제국대학 수학과 조교수 임용
1903년	학위 취득
1904년	도쿄제국대학 교수 임용
1920년	유체론 논문 「상대 아벨 수체의 이론에 대하여」
1922년	논문 「거듭제곱 잉여와 상호법칙」
1925년	쇼코쿠 학사원 회원
1932년	제1회 필즈상 수상자 선정위원으로 선출
1936년	도쿄제국대학 교수 정년퇴임
1940년	문화훈장 수여
1955년	대수적 정수론 국제회의(닛코)에서 명예의장 역임
1960년	2월 29일 사망(향년 84세)

PART 3

재밌어서
밤새 읽는
놀라운 수학 이야기

소수일
가능성이 큰 수
─놀라운 소수의 친구들 ①

 ## 소수는 어렵다!?

소수는 어렵다. 왜냐하면 어떤 수가 소수인지 아닌지를 판별하기가 쉽지 않기 때문이다.

1보다 큰 자연수는 소수나 합성수 중 하나다. 합성수란 '둘 이상의 소수의 곱으로 나타낼 수 있는 자연수'를 말한다. 예컨대 6이나 30은 각각 2×3, 2×3×5라는 소수의 곱으로 나타낼 수 있으므로 합성수다.

소수인지 합성수인지를 판별한다는 것은 말로는 쉬워보여도 사실 굉장히 어려운 일이다.

여기에서는 '페르마의 작은 정리'에 대해 이야기하려 한다. 분명 여러분도 소수 판별의 어려움을 실감하게 될 것이다.

페르마의 작은 정리란?

페르마의 작은 정리란, 'p가 소수라면, 어떤 정수 n의 p제곱을 p로 나눈 나머지는 n이다'라는 정리다.

참고로 페르마의 큰 정리(페르마의 마지막 정리)는 'n이 3 이상의 자연수일 때 $x^n + y^n = z^n$은 자연수의 해를 가지지 않는다'라는 정리로, 1994년에 영국 수학자 앤드루 와일즈(Andrew Wiles)가 증명해냈다.

그럼 페르마의 작은 정리를 구체적인 계산을 통해 확인해보자.

• 소수 p=3일 때, n의 p제곱을 p로 나누면

$2^3 = 8$ →3으로 나누면 몫은 2, 나머지는 2

$3^3 = 27$ →3으로 나누면 몫은 8, 나머지는 3

$4^3 = 64$ →3으로 나누면 몫은 20, 나머지는 4

$5^3 = 125$ →3으로 나누면 몫은 40, 나머지는 5

- 소수 p=5일 때, n의 p제곱을 p로 나누면

  2^5=32 →5로 나누면 몫은 6, 나머지는 2

  3^5=243 →5로 나누면 몫은 48, 나머지는 3

  4^5=1,024 →5로 나누면 몫은 204, 나머지는 4

  5^5=3,125 →5로 나누면 몫은 624, 나머지는 5

이처럼 나머지는 선택한 정수(n)와 값이 같다.

그렇다면 더 큰 수로 확인해보자.

- 소수 p=17일 때, n의 p제곱을 p로 나누면

  2^{17}=131,072 →17로 나누면 몫은 7,710, 나머지는 2

  3^{17}=129,140,163 →17로 나누면 몫은 7,596,480, 나머지는 3

  4^{17}=17,179,869,184 →17로 나누면 몫은 1,010,580,540,
  나머지는 4

  5^{17}=762,939,453,125 →17로 나누면 몫은 44,878,791,360,
  나머지는 5

역시 나머지는 선택한 정수(n)와 같다.

이것을 식으로 나타내면 $n^p \equiv n(mod\ p)$가 된다.

페르마의 작은 정리는 지수 부분이 소수일 때만 성립한다.

예컨대 지수가 6(합성수)인 경우를 살펴보면 나머지는 선택한 정수와 동일하지 않은, 각기 다른 값이 나온다는 사실을 알 수 있다.

- **합성수 p=6일 때, n의 p제곱을 p로 나누면**

  $2^6=64 \rightarrow$ 6으로 나누면 몫은 10, 나머지는 4

  $3^6=729 \rightarrow$ 6으로 나누면 몫은 121, 나머지는 3

  $4^6=4,096 \rightarrow$ 6으로 나누면 몫은 682, 나머지는 4

  $5^6=15,625 \rightarrow$ 6으로 나누면 몫은 2,604, 나머지는 1

페르마의 작은 정리와 소수 사이에 무언가 심오한 비밀이 있는 것이 아닐까? 예를 통해 그 수수께끼에 한 걸음 다가가보자.

 ## 소수임을 판별할 수 있다?

페르마의 작은 정리는 다음과 같이 바꿔서 표현할 수 있다.

'p가 소수라면, 어떤 정수 n의 p−1제곱을 p로 나눈 나머지는 1이다. 단 p와 n은 1 이상의 공약수를 가지지 않는다.'

앞의 계산 사례를 이용해 이것이 성립하는지 다시 확인해보자.

페르마의 작은 정리

p가 소수라면, 어떤 정수 n의 p제곱을 p로 나눈 나머지는 n이다.

$$n^p \equiv n \pmod p$$

소수 p=3일 때

$2^3 = 8$ ⋯⋯⋯⋯⋯ $8 \div 3 = 2$ 나머지 2

$3^3 = 27$ ⋯⋯⋯⋯⋯ $27 \div 3 = 8$ 나머지 3

$4^3 = 64$ ⋯⋯⋯⋯ $64 \div 3 = 20$ 나머지 4

$5^3 = 125$ ⋯⋯⋯⋯ $125 \div 3 = 40$ 나머지 5

> 지수가 소수일 때 선택한 정수와 나머지는 같다.

소수 p=5일 때

$2^5 = 32$ ⋯⋯⋯⋯⋯ $32 \div 5 = 6$ 나머지 2

$3^5 = 243$ ⋯⋯⋯⋯ $243 \div 5 = 48$ 나머지 3

$4^5 = 1,024$ ⋯⋯⋯ $1,024 \div 5 = 204$ 나머지 4

$5^5 = 3,125$ ⋯⋯⋯ $3,125 \div 5 = 624$ 나머지 5

> 지수가 합성수일 때 선택한 정수와 나머지는 같지 않다.

합성수 p=6일 때

$2^6 = 64$ ⋯⋯⋯⋯⋯ $64 \div 6 = 10$ 나머지 4

$3^6 = 729$ ⋯⋯⋯⋯ $729 \div 6 = 121$ 나머지 3

$4^6 = 4,096$ ⋯⋯⋯ $4,096 \div 6 = 682$ 나머지 4

$5^6 = 15,625$ ⋯⋯ $15,625 \div 6 = 2,604$ 나머지 1

- **소수 p=3일 때, n의 p−1제곱을 p로 나누면**

  $2^2=4$ →3으로 나누면 몫은 1, 나머지는 1

  $3^2=9$ →3으로 나누면 몫은 3, 나머지는 0(p=3과 n=3의 공약수는 1과 3)

  $4^2=16$ →3으로 나누면 몫은 5, 나머지는 1

  $5^2=25$ →3으로 나누면 몫은 8, 나머지는 1

- **소수 p=5일 때, n의 p−1제곱을 p로 나누면**

  $2^4=16$ →5로 나누면 몫은 3, 나머지는 1

  $3^4=81$ →5로 나누면 몫은 16, 나머지는 1

  $4^4=256$ →5로 나누면 몫은 51, 나머지는 1

  $5^4=625$ →5로 나누면 몫은 12, 나머지는 0(p=5와 n=5의 공약수는 1과 5)

p=3, n=3인 경우와 p=5, n=5인 경우는 'p와 n은 1 이외의 공약수를 가지지 않는다'라는 조건을 충족하지 않으므로 무시할 수 있다. 그 이외의 경우에는 이 정리가 모두 성립한다.

다음 명제에서 사용되는 '대우'라는 용어를 알고 가자.

'대우'란 가정과 결론을 부정하고 동시에 그것을 역으로 바꾸어 표현하는 것이다. 'A라면 B다'의 대우 명제는 'B가 아니라면

◆ '페르마의 작은 정리'의 대우

페르마의 작은 정리

p가 소수라면,
어떤 정수n의 p−1제곱을 p로 나눈 나머지는 1이다.
단, p와 n은 1 이상의 공약수를 가지지 않는다.

 대우

페르마의 작은 정리의 대우

어떤 정수 n의 p−1제곱을 p로 나눈 나머지가 1이 아니라면,
p는 소수가 아니다(=p는 합성수다).
단 p와 n은 1 이외의 공약수를 가지지 않는다.

A가 아니다'로 표현한다. 이 두 명제의 진위는 일치하므로, 대우 명제인 'B가 아니라면 A가 아니다'를 증명함으로써 'A라면 B다'를 증명할 수 있게 된다.

그러면 페르마의 작은 정리의 대우 명제를 생각해보자.

'어떤 정수 n의 p−1제곱을 p로 나눈 나머지가 1이 아니라면, p는 소수가 아니다. 단, p와 n은 1 이외의 공약수를 가지지 않는다.'

'p는 소수가 아니다'라는 말은 'p는 합성수다'와 같은 뜻이므로

다음과 같이 바꿔 말할 수 있다.

'어떤 정수 n의 p−1제곱을 p로 나눈 나머지가 1이 아니라면 p 는 합성수다. 단, p와 n은 1 이외의 공약수를 가지지 않는다.'

이상에서 페르마의 작은 정리는 합성수의 판별법이 될 수 있음을 알 수 있다.

예컨대 p=8이라고 하자.

$5^7 = 78,125$ →8로 나누면 몫은 9,765이고, 나머지는 5다.

나머지가 1이 아니므로 8은 합성수라고 할 수 있다. 이것은 참이다.

합성수의 판별에 페르마의 작은 정리를 이용할 수 있다면 소수의 판별에도 유용하지 않을까? 수수께끼가 많은 소수의 세계에서 페르마의 작은 정리는 소수 탐사의 강력한 아군이 될 수 있지 않을까?

그런 기대에 가슴이 벅차오르는 사람도 분명 있을 것이다.

 ## 소수일 가능성이 큰 수

그렇다면 조금 더 큰 수, p=25일 때를 계산해보자.

$7^{24} = 191,581,231,380,566,414,401$

→ 25로 나누면 몫은 7,663,249,255,222,656,576이고, 나머

지는 1이다.

나머지는 1인데 25는……. 25=5×5이므로 소수가 아님은 분명하다.

이 예에서 알 수 있듯이 'p와 n이 1 이외의 공약수를 가지지 않으며 어떤 정수 n의 p−1제곱을 p로 나눈 나머지가 1이라면 p는 소수다'라고 볼 수 없다.

따라서 유감스럽게도 페르마의 작은 정리는 소수 판별법이 될 수 없다. 그러나 페르마의 작은 정리의 계산에서 나머지가 1이 되는 경우, p는 소수일 확률이 높다는 것을 알 수 있다. 이때의 p를 '확률적 소수'라고 부른다.

확률적 소수와 유사소수 따위의 환영(幻影)까지 거느린 소수는 마치 생명을 지닌 동물 같다. 인류는 '소수'라는 사냥감을 잡기 위해 매일 씨름하고 있다.

효율적인 '소수 판별법'을 찾아낼 수 있다면, 인류가 처음으로 불을 발견했을 때처럼 베일에 싸여 있는 수의 세계에 어둠을 밝혀주어 우리에게 풍요로운 혜택을 가져다줄 것이다.

거꾸로 읽어도
소수
—놀라운 소수의 친구들 ②

 회문소수란?

'다시 똠시다'와 같이 거꾸로 읽어도 같은 뜻이 되는 문장을 회
문(回文)이라고 하는데, 수에도 '12321'과 같이 거꾸로 읽어도 같
은 수가 되는 수가 있다. 이를 '회문수'(대칭수, 거울수라고도 한다)
라 한다.

회문수이면서 소수인 수를 '회문소수'라 한다. 그럼 회문수 중
에서 회문소수를 찾아보자.

한 자리 회문소수는 2, 3, 5, 7이다.

두 자리 회문소수는 11뿐이다.

◆ 거꾸로 읽어도 똑같은 수, 회문수

한 자리 회문수(9개)

1, 2, 3, 4, 5, 6, 7, 8, 9

두 자리 회문수(9개)

11, 22, 33, 44, 55, 66, 77, 88, 99

세 자리 회문수(90개)

101, 111, 121, 131, 141, 151, 161, 171, 181, 191,
202, 212, ···································, 888, 898,
909, 919, 929, 939, 949, 959, 969, 979, 989, 999

각 자리에 10개씩 있으므로
합계는 10×9=90(개)

네 자리 회문수(90개)

1001, 1111, 1221, 1331, 1441, 1551, 1661,
1771, 1881, 1991, 2002, 2112, ···················,
8888, 8998, 9009, 9119, 9229, 9339, 9449,
9559, 9669, 9779, 9889, 9999

세 자리 회문소수는 101, 131, 151, 181, 191, 313, 353, 373, 727, 757, 787, 797, 919, 929 등 14개다.

네 자리 회문소수는 없다. 앞의 표에서 보듯 네 자리의 회문수는 회문소수가 없다. 여섯 자리, 여덟 자리, 열 자리도 마찬가지다. 짝수 자릿수인 회문소수는 존재하지 않는다.

 ## 키워드는 '11의 배수'

회문소수의 기본이 되는 성질은 무엇일까? 짝수 자리의 회문소수로는 두 자릿수인 11이 유일하다. 왜냐하면 짝수자리의 회문소수는 모두 11로 나누어 떨어지기 때문이다.

두 자리 회문수(11, 22, 33, 44, 55, 66, 77, 88, 99)도 11로 나누어 떨어진다. 네 자리 회문수(1001, 1111, ……, 9889, 9999)도 분명 모두 11로 나누어 떨어진다.

여기서 11의 배수를 판별하는 방법에 대해 알아보자.

일의 자리에서 시작해 한 자리씩 건너뛴 수의 합과 십의 자리에서 시작해 한 자리씩 건너뛴 수의 합을 구하고, 그 두 수의 차가 11의 배수라면 원래의 수도 11의 배수다.

'2,717'로 확인해보자. 일의 자리에서 한 자리씩 건너뛴 수의 합(7+7=14)과, 십의 자리에서 한 자리씩 건너뛴 수의 합(2+1=3)

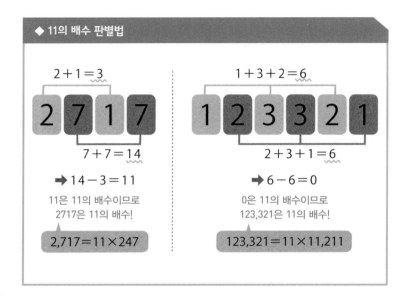

◆ 11의 배수 판별법

2＋1＝3

2 7 1 7

7＋7＝14

➡ 14－3＝11

11은 11의 배수이므로
2717은 11의 배수!

2,717＝11×247

1＋3＋2＝6

1 2 3 3 2 1

2＋3＋1＝6

➡ 6－6＝0

0은 11의 배수이므로
123,321은 11의 배수!

123,321＝11×11,211

의 차(14-3=11)는 11의 배수이므로 2,717은 11의 배수로 판정할 수 있다. 이 방법으로 네 자릿수 이상의 회문수를 살펴보자.

예컨대 여섯 자리 회문수 '123,321'의 경우, 일의 자리에서 한 자리씩 건너뛴 수의 합(1+3+2=6)과 십의 자리에서 한 자리씩 건너뛴 수의 합(2+3+1=6)의 차(6-6=0)를 구하면 0이 나온다. 0은 11의 배수다. 따라서 123,321은 11의 배수로 판정할 수 있다.

짝수 자릿수의 회문수인 경우 '일의 자리에서 한 자리씩 건너뛴 수의 합'과 '십의 자리에서 한 자리씩 건너뛴 수의 합'은 같다. 즉, 그 차는 항상 0이 된다.

◆ 회문소수 피라미드

```
                         2
                      30203
                    133020331
                  17133020033171
                12171330203317121
              1512171330203317712151
            18151217133020233171215181
          1618151217133020203317121518161
        3316181512171330203317121518161333
      9333161818151217133020331712151816163339
    119333161818151217133020331712151816163333911
```

이로써 짝수 자릿수의 회문수는 모두 11의 배수임을 알 수 있
다. 즉 11 이외의 회문소수는 모두 홀수 자릿수로 이루어져 있
다는 뜻이다.

참고로 회문소수가 무한히 존재하는가의 여부는 아직 확인되
지 않았다.

 회문소수 피라미드

이쯤에서 재미있는 회문소수를 소개할까 한다. 수학자 호네이

커(G. L. Honaker Jr.)가 발견한 '회문소수 피라미드'다.

수의 신비로움과 위대함을 모두 보여주는 이 소수 피라미드는 좌우의 수가 대칭을 이루고 있다. 보면 볼수록 참 잘 만들어진 피라미드다. 실제 피라미드와 견주어도 손색없는 완벽한 아름다움을 가진 형태라고 생각되지 않는가?

1로만 이루어진
소수
─놀라운 소수의 친구들 ③

 레퓨닛 수란?

회문소수 피라미드(163쪽)를 보니 '레퓨닛 수(단위반복수)'가 연상
된다. 레퓨닛 수는 1, 11, 111과 같이 모든 숫자가 '1'로 이루어
진 양의 정수를 말한다. 1964년에 수학자 앨버트 베일러(Albert
H. Beiler)에 의해 명명된 비교적 새로운 개념의 수다.

　레퓨닛(repunit)이란 '반복된(repeated)'이라는 단어와 '1(unit, 단위)'
이 합성된 말이다.

　이 레퓨닛 수를 제곱해보자.

　1의 제곱은 1, 11의 제곱은 121, 111의 제곱은 12,321, 1,111

한 자릿수	$1 \times 1 =$	**1**
두 자릿수	$11 \times 11 =$	1**2**1
세 자릿수	$111 \times 111 =$	12,**3**21
네 자릿수	$1,111 \times 1,111 =$	1,234,321
다섯 자릿수	$11,111 \times 11,111 =$	123,4**5**4,321
여섯 자릿수	$111,111 \times 111,111 =$	12,345,**6**54,321
일곱 자릿수	$1,111,111 \times 1,111,111 =$	1,234,56**7**,654,321
여덟 자릿수	$11,111,111 \times 11,111,111 =$	123,456,7**8**7,654,321

제곱하면
회문수가 된다!

레퓨닛 수
피라미드는
계산 결과도
신기하네!

의 제곱은 1,234,321…… 등과 같이 그 값은 회문수가 된다.

레퓨닛 소수는 무한하다?

회문수와 마찬가지로 레퓨닛 수 중에서 소수인 '레퓨닛 소수'를 찾아보자.

1이 두 개 이어진 수 '11'이 가장 작은 레퓨닛 소수라는 사실은 명백한데, 그보다 큰 레퓨닛 소수를 찾아내기란 쉽지 않다.

1이 19개 이어진 수, 23개 이어진 수는 레퓨닛 소수다. 그보다 더 큰 레퓨닛 소수로 1이 317개, 1,031개 이어진 수가 있다. 이상 다섯 개가 소수임이 확인된 레퓨닛 소수다. 이보다 더 자릿수가 커지면 소수의 판별이 어려워져서 '소수일 가능성이 크다고 여겨지는 소수'만 발견된다.

현재 1이 49,081개 이어지는 수(1999년), 86,453개 이어지는 수(2000년), 109,297개 이어지는 수(2007년), 270,343개 이어지는 수(2007년)가 이런 수라는 것이 확인되었다.

여기서 '레퓨닛 소수(개소수를 포함) 속 1의 개수(個數)'에 주목해 보자.

2, 19 ,23, 317, 1031, 49081, 86453, 109297, 270343.

2를 제외하면 레퓨닛 소수 속 1의 개수, 즉 1의 자릿수는 모두 홀수임을 알 수 있다. 그 수수께끼를 풀어줄 핵심이 회문소수다.

1로만 이루어진 레퓨닛 소수는 회문소수에 속한다. '11 이외의 회문소수는 모두 홀수 자릿수로 구성된다'라는 회문소수의 성질이 레퓨닛 소수에도 적용된다는 것을 알 수 있다.

이 거대한 레퓨닛 수가 소수임이 증명되는 날은 과연 언제 올까?

레퓨닛 소수의 개수는 무한할 것으로 예상된다. 레퓨닛 소수의 전모가 밝혀질 때 또 하나의 수의 신비가 우리 눈앞에 펼쳐질 것이다.

소수와 수소
-놀라운 소수의 친구들 ④

 거꾸로 된 소수, 수소(數素)!?

회문소수란 30,203과 같이 거꾸로 읽어도 같은 숫자가 되는 소수다. 이와 비슷한 소수로 수소(emirp, 에미프)가 있다. 수소와 emirp, 둘 다 별로 익숙한 단어가 아닐 텐데 이 단어를 잘 응시하면 그 뜻을 찾아낼 수 있을 것이다.

수소(emirp)를 거꾸로 읽어보자. 그렇다, 소수(prime)다.

수소란 숫자를 거꾸로 읽었을 때 다른 소수가 되는 소수를 말한다. 희문소수와 차이점은 거꾸로 읽었을 때 같은 소수가 아니라 다른 소수가 된다는 점이다. 예컨대 13, 17, 179, 761이 수

10	**11**	12	**13** 수소	14	15	16	**17** 수소	18	**19**
20	21	22	**23**	24	25	26	27	28	**29**
30	**31** 수소	32	33	34	35	36	**37** 수소	38	39
40	**41**	42	**43**	44	45	46	**47**	48	49
50	51	52	**53**	54	55	56	57	58	**59**
60	**61**	62	63	64	65	66	**67**	68	69
70	**71** 수소	72	**73** 수소	74	75	76	77	78	**79** 수소
80	81	82	**83**	84	85	86	87	88	**89**
90	91	92	93	94	95	96	**97** 수소	98	99

> 두 자릿수 소수 21개
> 가운데 수소는 8개!

소다.

이 네 가지 수는 모두 소수인데, 숫자를 거꾸로 해서 만든 수 31, 71, 971, 167 또한 모두 소수다. 실제로 숫자를 거꾸로 나열해도 소수가 되는 수는 그리 많지 않다. 두 자릿수 소수 21개 가운데 수소는 단 8개뿐이다.

회문소수도 그렇지만 수소 또한 현대 수학에서는 그리 중요하지 않다. 하지만 난해함의 극치라 할 수 있는 소수의 세계에

부담 없이 다가갈 수 있게 해주는 이러한 놀이가 있어 반갑다는 생각이 든다.

소수의 신비가 풀리기까지는 아직 시간이 걸릴 것이다. 그때까지는 소수표를 앞에 놓고 커피 한 잔을 하면서 회문소수나 수소를 찾아보는 것도 의미 있는 시간이 되지 않을까?

끝으로 퀴즈를 하나 풀어보자.

Q. 182쪽의 소수의 분포 일람표를 보면서 100부터 499까지 가운데 수소를 찾아보자.

A. 107, 113, 149, 157, 167, 179, 199, 311, 337, 347, 359, 389

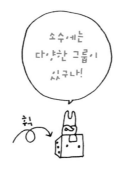

DVD와 수학과 소수의 기묘한 관계

여기서는 소수를 조금 다른 각도에서 다루어보려고 한다. 회문

소수나 수소 이야기와는 완전히 다른 그야말로 소수에 대한 심

각한 이야기다.

　DVD에는 무단복제를 방지하기 위한 복제방지 기능이 탑재

되어 있다. 특히 콘텐츠 암호 시스템 CSS(Content Scramble System)

를 많이 채용하고 있다.

　그 원리의 핵심은 영상 콘텐츠를 암호화하여, 그 암호키를 복

제할 수 없는 영역에 기록하는 것이다. 컴퓨터 등으로 DVD를

복사하더라도 암호키 자체는 복제할 수 없으므로 복사한 DVD
는 재생이 되지 않는 원리를 이용한 것이다.

그러자 이번에는 암호를 해독하여 복사한 DVD를 재생할 수
있게 하려는 사람들이 나타났다. 1999년에는 인터넷상에 암
호 해독법이 퍼지기 시작했다. 그중에서도 DeCSS가 유명한데
DVD 복제방지 기능을 해제하는 컴퓨터 프로그램이다. 개발자
가 익명으로 인터넷상에 공개하자 눈 깜짝할 새에 전 세계로 퍼
졌다.

미국 영화협회는 이 상황에 침묵하지 않았다. 디지털 밀레니
엄 저작권법을 근거로 이 프로그램의 배포를 금지해달라는 소
송을 걸었다. 2001년 미국 재판소는 이 프로그램의 사용 및 공
개까지도 위법이라는 판결을 내렸다.

이 재판 결과에 대해 언론의 자유를 침해한다는 이유로 항의
와 반발이 빗발치며 논쟁이 끊이지 않았다.

 ## 소수는 의미 있는 수열

그런 가운데 매우 교묘한 방법을 써서 프로그램을 공개하려는
사람이 나타났다. 바로 미국의 수학자 필 카모디(Phil Carmody)다.

컴퓨터 내에서는 프로그램이 '01010010011'과 같이 수(수열)

로 기록되어 있다. 컴퓨터 프로그램 DeCSS 그 자체를 숫자로 바꾼 것은 특별히 의미 있는 수열이 아니다. 하지만 그는 컴퓨터 프로그램으로 보정하면 '의미 있는 수열'이 나타나게(수치화)하는 것이 가능할 것이라고 생각했다.

그래서 그는 '의미 있는 수열'로서 '소수'를 선택했다. 그는 수학의 힘을 철저히 이용해 프로그램을 교묘하게 수치화하여 하나의 소수로 만드는 데 성공했다.

 ## 프로그램을 소수 속에 감춘다?

필 카모디의 방법은 다음과 같다.

먼저 C언어(프로그래밍 언어의 하나)로 작성된 DeCSS를 압축 소프트웨어 gzip(지집)을 이용해 압축한다. 이 상태에서의 프로그램은 단순히 '0과 1로 이루어진 수열'이다. 그것을 십진수 k로 나타낸다고 치자. 압축하여 얻은 값 k를 해제하면 본래의 프로그램 DeCSS가 된다.

그렇다면 이제 이 k에 '효용이 없는 수열'을 부가한 k'라는 수가 있다고 하자. k'도 원래대로 되돌리면 DeCSS가 된다. 카모디는 그러한 k'를 만들어내야겠다고 생각했다.

게다가 이 새롭게 만들어진 k'라는 수를 '의미 있는 수열'인 소수로 만들 수 있으면 좋겠다고 생각하기에 이른다.

그렇게 해서 생각해낸 것이 '산술급수 정리'의 활용이다. 이 것은 1837년 독일 수학자 페터 구스타프 디리클레(Peter Gustav Dirichlet, 1805~1859)에 의해 밝혀진 소수 이론이다.

초항과 공차가 서로소(초항과 공차의 최대공약수가 1)인 산술급수 (등차수열)에는 무한한 소수가 존재한다는 정리다. 바꾸어 말하 면 '서로소인 자연수 a와 b에 대해 ak+b(k는 자연수)로 나타낼 수 있는 소수가 무한히 존재한다'라는 뜻이다.

k에 대해 k'를 만드는 방법이 $k'=ak+b$라는 계산식이다. 이것 이라면 원래의 수열 k가 아닌 수열 k'를 가지고도 원래의 프로 그램으로 되돌리는 것이 가능하기 때문이다.

압축 소프트웨어를 이용할 때 $k'=k\times256^n+b$의 꼴이면 된다 는 것을 알게 되고 마침내 카모디는 $k\times256^n+b$가 소수가 될 법 한 n과 b를 구하는 데 성공했다. 그것이 $k\times256^2+2083$과 $k\times 256^{11}+99$의 두 가지 식이다.

이때 이용된 소수판별법이 '타원곡선 소수판별법(elliptic curve primality proving methods)'이다. 타원곡선 소수판별법은 1986년경 에 골드바서(S. Goldwasser)와 키리안(J. Kilian), 앳킨(A. O. L. Atkin) 이 제안한 방법으로, 타원곡선상에 있는 유리점(점의 좌표가 유리 수인 점)의 군(群)의 자릿수를 이용해 현대 수학을 구사한 소수판별법이다.

이리하여 2001년에 카모디는 $k \times 256^2 + 2083$을 이용한 $1,401$ 자릿수 소수를 손에 넣게 된다.

소수라면 공개해도 상관없다?

사실 카모디가 DeCSS를 소수로 나타내려는 마음을 먹게 된 데는 한 웹사이트의 영향이 크다. 크리스 콜드웰(Chris Caldwell)이라는 사람이 제작한 소수에 대한 정보 사이트 The Prime Pages(http://primes.utm.edu)다. 여기에는 사상 최대의 소수 상위 20개를 비롯하여 다양한 소수의 계산 결과에 대한 기록이 순위별로 정리되어 있다.

카모디가 생각한 '의미 있는 수'란, 단순히 보통 소수가 아니라 반드시 이 웹사이트에서 상위에 랭크되어 있는 수준의 특별한 소수여야 했다.

2001년 당시 $1,401$자리의 소수는 The Prime Pages에 게재되는 소수 치고는 상당히 작은 수였다. 그래서 카모디는 $k \times 256^{11} + 99$에서 $1,905$자리의 소수를 만들어냈다.

이것은 The Prime Pages에서 타원곡선 소수판별법으로 증명된 소수 랭킹 10위에 오른 소수였다. 카모디는 암호해독 프로그

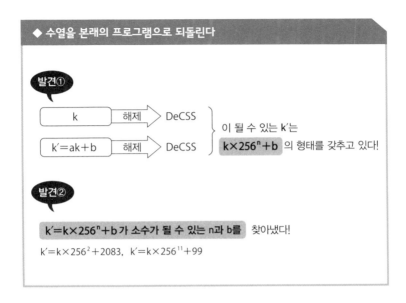

◆ 수열을 본래의 프로그램으로 되돌린다

발견①

k　해제 DeCSS

k′=ak+b　해제 DeCSS

이 될 수 있는 k′는

$k×256^n+b$ 의 형태를 갖추고 있다!

발견②

$k′=k×256^n+b$ 가 소수가 될 수 있는 n과 b를　찾아냈다!

$k′=k×256^2+2083$,　$k′=k×256^{11}+99$

램을 공개하는 것은 위법일지라도 '소수로 변환한 프로그램'이 라면 공개해도 무방하다고 생각했다. 그리고 그것을 가능하게 해줄 소수를 찾아냈다.

　그가 발견한 소수를 어떤 규칙으로 변환하면 DVD 복제방지 장치를 푸는 컴퓨터 프로그램이 된다. 그런데 이 프로그램 역시 미국에서 불법으로 여겨지면서 이 소수도 '불법 소수(illegal prime number)'로 불리게 되었다.

소수에는 죄가 없다

본래 컴퓨터 내에서는 모든 컴퓨터 프로그램을 수로 나타낼 수 있다.

'불법 프로그램'이라는 생각은 이해할 수 있지만, 수 그 자체가 불법이라는 사고방식에는 불편한 느낌을 지울 수 없다. 소수가 가엾다는 생각마저 든다. 아무리 생각해도 소수 그 자체에는 아무 죄가 없으니 말이다. 죄가 있다면 소수에 멋대로 의미를 부여한 우리 인간에게 큰 죄가 있는 게 아닐까?

DVD 복제방지 장치를 푸는 컴퓨터 프로그램 DeCSS와 '불법' 소수를 바라보고 있노라면 인간과 인간사회가 어떻게 돌아가고 있는지가 보인다. 사회와 인간과 수의 관계는 갈수록 깊어지고 있다.

'소수'라는 아름다운 수의 신비가 더 이상 인간의 손에 의해 더럽혀지지 않는 사회를 건설해야 할 것이다. 그렇다, 수의 아름다움을 살리는 것도 죽이는 것도 모두 우리 생각에 달려 있다.

간단 입문
리만 가설

제1장 소수는 최고위 극상의 수

지금으로부터 약 150년 전, 그것은 정말로 슬며시 우리 눈앞에 나타났다. 1859년 11월 독일 수학자 베른하르트 리만(Bernhard Riemann, 1826~1866)은 8쪽 분량에 불과한 논문 「주어진 수보다 작은 소수의 개수에 대하여」에서 다음과 같이 기술했다.

📖 실제로 이 영역 내에 이와 거의 같은 수준의 많은 근이 있고, 더욱이 그 근이 모두 실근이라는 사실은 지극히 명백하

리만의 제타함수 $\zeta(s)$의
자명하지 않은 해는
모두 직선 $\mathrm{Re}(s) = \dfrac{1}{2}$ 상에 있다.

다. 물론 이에 관해 엄밀하게 증명해내는 것이 바람직할 것이다. 나는 눈에 보이지도 않는 조잡하고 성과 없는 시도 끝에 이 증명에는 손대지 않기로 했다. 왜냐하면 이하의 내 연구의 목적에는 불필요하다고 판단했기 때문이다.

―히라바야시 미키히토(平林幹人) 역

여기에서 리만이 '손대지 않기로 했다'는 그 증명이 바로 수론의 미해결 난제 '리만 가설'이다.

수라고는 '$\dfrac{1}{2}$'밖에 적혀 있지 않은 이 한 문장에 수학의 풀리지 않는 수수께끼가 숨겨져 있음이 차츰 밝혀지게 된다.

수학에는 몇 가지 난제가 존재한다. 하지만 단순히 난제이기 때문에 가치가 있는 것이 아니다. 그 점을 착각하지 말아야 한다.

리만 가설은 수의 기본 토대와 근원에 관여하고 있다는 점에 매우 큰 가치가 있는 것이다. 정수, 유리수(분수), 무리수, 실수 등 다양한 수의 기본은 자연수다. 자연수 이외의 수는 인간이 마음대로 만들어낸 '인공적인 수'라고 봐도 무방하다.

> 신은 자연수를 창조했고, 나머지 수는 인간이 만들었다.
>
> 크로네커

그 자연수를 분해해나가다 보면 소수에 이르게 된다. 소수란 '2, 3, 5, 7, 11, 13, ……'과 같이 1과 자기 자신 이외의 약수를 가지지 않는, 더 이상 분해할 수 없는 수다.

이른바 '자연수를 분해한 소립자'에 해당하는 소수는 이 간단한 정의의 이면에 가장 심원한 수수께끼로 가득 차 있음이 2000년 이상 탐구한 결과 밝혀졌다.

소수의 출현에 어떤 법칙이 있을 거라고 보았는데, 그 법칙이 수수께끼로 남게 된 것이다. 이것을 '소수 분포 문제'라고도 한다.

'2, 3, 5, 7, 11, ……'. 이것을 보면 처음에는 소수 사이의 간격이 좁다가 점차 그 간격이 벌어진다.

1부터 100까지의 자연수 100개 가운데 소수는 25개나 있지만, 9901부터 10000 사이에는 9901, 9907, 9923, 9929, 9931,

▼ 0부터 499까지

0	1	2	3	4	5	6	7	8	9
10	11	12	13	14	15	16	17	18	19
20	21	22	23	24	25	26	27	28	29
30	31	32	33	34	35	36	37	38	39
40	41	42	43	44	45	46	47	48	49
50	51	52	53	54	55	56	57	58	59
60	61	62	63	64	65	66	67	68	69
70	71	72	73	74	75	76	77	78	79
80	81	82	83	84	85	86	87	88	89
90	91	92	93	94	95	96	97	98	99
100	101	102	103	104	105	106	107	108	109
110	111	112	113	114	115	116	117	118	119
120	121	122	123	124	125	126	127	128	129
130	131	132	133	134	135	136	137	138	139
140	141	142	143	144	145	146	147	148	149
150	151	152	153	154	155	156	157	158	159
160	161	162	163	164	165	166	167	168	169
170	171	172	173	174	175	176	177	178	179
180	181	182	183	184	185	186	187	188	189
190	191	192	193	194	195	196	197	198	199
200	201	202	203	204	205	206	207	208	209
210	211	212	213	214	215	216	217	218	219
220	221	222	223	224	225	226	227	228	229
230	231	232	233	234	235	236	237	238	239
240	241	242	243	244	245	246	247	248	249
250	251	252	253	254	255	256	257	258	259
260	261	262	263	264	265	266	267	268	269
270	271	272	273	274	275	276	277	278	279
280	281	282	283	284	285	286	287	288	289
290	291	292	293	294	295	296	297	298	299
300	301	302	303	304	305	306	307	308	309
310	311	312	313	314	315	316	317	318	319
320	321	322	323	324	325	326	327	328	329
330	331	332	333	334	335	336	337	338	339
340	341	342	343	344	345	346	347	348	349
350	351	352	353	354	355	356	357	358	359
360	361	362	363	364	365	366	367	368	369
370	371	372	373	374	375	376	377	378	379
380	381	382	383	384	385	386	387	388	389
390	391	392	393	394	395	396	397	398	399
400	401	402	403	404	405	406	407	408	409
410	411	412	413	414	415	416	417	418	419
420	421	422	423	424	425	426	427	428	429
430	431	432	433	434	435	436	437	438	439
440	441	442	443	444	445	446	447	448	449
450	451	452	453	454	455	456	457	458	459
460	461	462	463	464	465	466	467	468	469
470	471	472	473	474	475	476	477	478	479
480	481	482	483	484	485	486	487	488	489
490	491	492	493	494	495	496	497	498	499

▼ 9500부터 9999까지

9500	9501	9502	9503	9504	9505	9506	9507	9508	9509
9510	9511	9512	9513	9514	9515	9516	9517	9518	9519
9520	9521	9522	9523	9524	9525	9526	9527	9528	9529
9530	9531	9532	9533	9534	9535	9536	9537	9538	9539
9540	9541	9542	9543	9544	9545	9546	9547	9548	9549
9550	9551	9552	9553	9554	9555	9556	9557	9558	9559
9560	9561	9562	9563	9564	9565	9566	9567	9568	9569
9570	9571	9572	9573	9574	9575	9576	9577	9578	9579
9580	9581	9582	9583	9584	9585	9586	9587	9588	9589
9590	9591	9592	9593	9594	9595	9596	9597	9598	9599
9600	9601	9602	9603	9604	9605	9606	9607	9608	9609
9610	9611	9612	9613	9614	9615	9616	9617	9618	9619
9620	9621	9622	9623	9624	9625	9626	9627	9628	9629
9630	9631	9632	9633	9634	9635	9636	9637	9638	9639
9640	9641	9642	9643	9644	9645	9646	9647	9648	9649
9650	9651	9652	9653	9654	9655	9656	9657	9658	9659
9660	9661	9662	9663	9664	9665	9666	9667	9668	9669
9670	9671	9672	9673	9674	9675	9676	9677	9678	9679
9680	9681	9682	9683	9684	9685	9686	9687	9688	9689
9690	9691	9692	9693	9694	9695	9696	9697	9698	9699
9700	9701	9702	9703	9704	9705	9706	9707	9708	9709
9710	9711	9712	9713	9714	9715	9716	9717	9718	9719
9720	9721	9722	9723	9724	9725	9726	9727	9728	9729
9730	9731	9732	9733	9734	9735	9736	9737	9738	9739
9740	9741	9742	9743	9744	9745	9746	9747	9748	9749
9750	9751	9752	9753	9754	9755	9756	9757	9758	9759
9760	9761	9762	9763	9764	9765	9766	9767	9768	9769
9770	9771	9772	9773	9774	9775	9776	9777	9778	9779
9780	9781	9782	9783	9784	9785	9786	9787	9788	9789
9790	9791	9792	9793	9794	9795	9796	9797	9798	9799
9800	9801	9802	9803	9804	9805	9806	9807	9808	9809
9810	9811	9812	9813	9814	9815	9816	9817	9818	9819
9820	9821	9822	9823	9824	9825	9826	9827	9828	9829
9830	9831	9832	9833	9834	9835	9836	9837	9838	9839
9840	9841	9842	9843	9844	9845	9846	9847	9848	9849
9850	9851	9852	9853	9854	9855	9856	9857	9858	9859
9860	9861	9862	9863	9864	9865	9866	9867	9868	9869
9870	9871	9872	9873	9874	9875	9876	9877	9878	9879
9880	9881	9882	9883	9884	9885	9886	9887	9888	9889
9890	9891	9892	9893	9894	9895	9896	9897	9898	9899
9900	9901	9902	9903	9904	9905	9906	9907	9908	9909
9910	9911	9912	9913	9914	9915	9916	9917	9918	9919
9920	9921	9922	9923	9924	9925	9926	9927	9928	9929
9930	9931	9932	9933	9934	9935	9936	9937	9938	9939
9940	9941	9942	9943	9944	9945	9946	9947	9948	9949
9950	9951	9952	9953	9954	9955	9956	9957	9958	9959
9960	9961	9962	9963	9964	9965	9966	9967	9968	9969
9970	9971	9972	9973	9974	9975	9976	9977	9978	9979
9980	9981	9982	9983	9984	9985	9986	9987	9988	9989
9990	9991	9992	9993	9994	9995	9996	9997	9998	9999

9941, 9949, 9967, 9973 등 9개밖에 출현하지 않는 양상을 보인다.

그렇다면 182쪽의 소수의 분포 일람표를 보자.

0부터 499까지의 500개와 9,500부터 9,999까지의 500개를 살펴보면 각 범위에 산재해 있는 소수가 줄어들었음을 알 수 있다.

이 표를 자세히 살펴보면서 어떤 자연수의 '소수 판별' 원리를 생각해보기 바란다. 금방 눈에 띄는 부분은 두 자릿수 이상의 소수의 특징, 즉 1의 자리가 1, 3, 7, 9 중 하나로 이루어져 있다는 것이다.

소수의 개수가 무한하다는 것은 2000여 년 전에 고대 그리스 수학자 유클리드에 의해 증명되었다.

참으로 훌륭한 증명이다. 이어서 그 증명을 소개하려고 한다.

 ## 소수는 무한개다

'소수는 유한개다'라고 가정하고, 그 모든 소수의 곱에 1을 더한 수 A에 대해 생각해보자.

A는 1이 아닌 자연수이므로 '소수' 또는 '소수의 곱으로 이루어진 수(합성수)' 중 하나다.

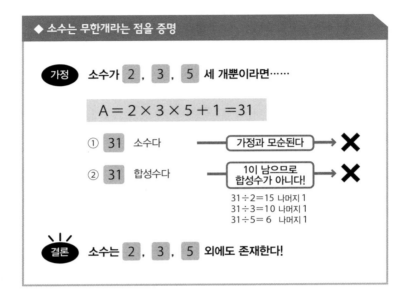

A는 처음에 가정한 유한개의 가장 큰 소수보다 큰 값이므로 소수가 아니다. 따라서 A는 합성수이고 A는 가정한 소수들의 곱으로 나타낸다. 즉 A를 그들 소수로 나눈 나머지는 0이 된다.

그런데 이것은 'A는 가정한 유한개의 소수 중 무엇으로 나누든 나머지는 1이다'에 모순된다. 결국 '소수는 유한개다'라는 가정은 부정되고 '소수는 무한개다'라는 결론이 나온다.

예컨대 소수가 2, 3, 5 세 개뿐이라고 치자.

A는 '모든 소수의 곱에 1을 더한 수'이므로, '2×3×5+1=31'이 된다. 다시 말하면 A는 1이 아닌 자연수다. 31이 소수라면, 31

은 소수 2, 3, 5보다 크므로 처음 가정에 모순된다.

따라서 31은 합성수가 된다. 31은 2와 3과 5의 곱으로 나타내져야 한다. 다시 말해 31은 2, 3, 5 중 하나로 나누어 떨어진다는 뜻이다. 그런데 이것은 '31은 2로 나누어도, 3으로 나누어도, 5로 나누어도 1이 남는다'에 모순된다.

결국 '소수가 2, 3, 5 세 개뿐'이라는 가정은 성립하지 않음을 알 수 있다.

 ## 소수 탐사는 석유 탐사와 같다

소수의 존재가 무한하다는 것은 밝혀졌지만 흥미로운 것은 인류가 눈으로 확인한 소수가 그중 지극히 일부에 불과하다는 사실이다.

소수는 커질수록 점점 드문드문 나타나는 데다 소수판별법도 간단치 않아 큰 소수를 탐사하여 발견하기란 상당히 어렵다. 그 양상을 보면 마치 땅속 깊은 곳에 있는 석유를 탐사하기 위해 인류가 지혜를 짜내고 있는 양상과 닮았다. 지구 내부에 석유자원이 존재하고 있다는 것은 알면서도 그것이 어디에 있는지 밝혀내는 것은 쉽지 않은 일이다.

사실 석유 탐사와 소수 탐사에는 큰 공통점이 있다. 바로 슈

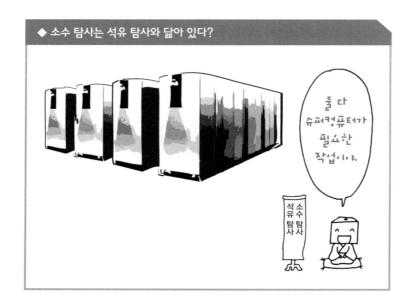

◆ 소수 탐사는 석유 탐사와 닮아 있다?

둘 다 슈퍼컴퓨터가 필요한 작업이야.

석유 탐사 소수 탐사

퍼컴퓨터의 존재다. 석유 탐사에서는 지구 내부를 어떻게 파악할 것인가가 중요하다. 인공지진파의 분석과 지진화상 처리에는 고도의 수학이론과 슈퍼컴퓨터가 필요하다. 그리고 소수 탐사에도 슈퍼컴퓨터가 위력을 발휘한다.

1980년 이후 석유 탐사용 슈퍼컴퓨터를 이용해 최대 소수 탐사 성공의 기록이 이어졌다.

2008년에는 1천만 자릿수가 넘는 소수가 GIMPS(분산형 컴퓨팅에 의한 소수 탐사 프로젝트)에 의해 발견되었다. 그리고 2013년 1월에는 1,742만 5,170자릿수라는 사상 최대의 소수가 발견되기에

최대 소수를 탐사하라!

1772년 수학자 오일러가 손계산으로 발견

$$2^{31}-1=2,147,483,647$$ 10 자릿수

1985년 슬로빈스키가 석유 탐사용 슈퍼컴퓨터를 이용해 발견

$$2^{216,091}-1=7,460 \cdots\cdots 8,447$$ 65,050 자릿수

2013년 GIMPS가 발견

$$2^{57,885,161}-1=581,8 \cdots\cdots 5,951$$ 17,425,170 자릿수

이르렀다.

인류가 최첨단 지식을 동원해 도전을 해도 여전히 소수 탐사에는 상상을 초월하는 벽이 가로막고 있다. 슈퍼컴퓨터의 위력을 빌려도 소수는 만만한 상대가 아니다.

예컨대 30을 2×3×5로 소인수분해하는 것은 간단하다. 하지만 12,347과 같이 숫자가 커지면 어떨까?

암산으로는 더 이상 소수판별과 소인수분해가 불가능해진다 (참고로 12,347은 소수다). 수가 그 이상으로 더 커지면 슈퍼컴퓨터로도 엄청나게 오랜 시간이 소요된다.

수의 견고함은 보안의 견고함?

이렇게 보면 수는 참 견고한 존재다. 이러한 수를 부수려면 거대한 기계와 인내, 그리고 막대한 비용이 든다.

그런데 이 수의 견고한 성질을 역으로 이용한 기술이 있다. 정보 보안, 즉 인터넷상의 비밀유지를 위한 암호기술이다. '견고한 수'를 분해하기 위한 방대한 연구를 축적하는 가운데 거대소수를 사용한 암호기술이 성립되었다. 하지만 이 역시도 잠정적인 기술에 불과하다.

만약 내일이라도 1,000자릿수 수를 소인수분해하는 획기적인 방법이 발견된다면 현재의 네트워크 사회는 그 토대에서부터 한순간에 붕괴될 수 있기 때문이다.

소수란 고상하고 고고한 수로, 다른 것이 쉽게 접근하지 못하게 하는 무언가가 있다. 기껏해야 수천 년에 불과한 문명을 가진 인류쯤이야 소수의 발밑에도 미치지 못하는 존재다.

그럼에도 인류는 소수에 매료되어 소수에 맞서왔다. 그리고 흥미롭게도 우리는 이 수천 년 동안 그 수가 품은 아직 해결하지 못한 부분을 토대로 하여 고도의 정보화 사회를 건설해냈다.

소수를 영어로는 prime number(프라임 넘버)라고 한다. 'prime'에는 '최초의, 근본의'라는 뜻 외에 '가장 중요한, 일급의, 훌륭한, 극상의' 등의 의미도 있다. 그야말로 소수는 수의 prima(프리마: prime의 이탈리아어. 프리마 발레리나 또는 프리마 돈나의 약어이기도 하다)라 하겠다.

제II장 소수의 출현 패턴을 찾아라

 ## 리만 가설이란 무엇일까?

우리 앞을 가로막고 있는 커다란 존재, 소수.

리만 가설은 소수의 출현 패턴과 관계되어 있다는 점에서 큰 가치를 지닌다. 리만 가설의 증명은 소수의 저 깊은 곳의 어둠이 밝혀지게 됨을 뜻한다.

그렇다면 다시 리만 가설로 눈을 돌려보자.

> 리만의 제타함수 $\zeta(s)$의 자명하지 않은 영점은
> 모두 직선 $\mathrm{Re}(s) = \dfrac{1}{2}$ 상에 있다.

리만 가설을 어렵게 만드는 원인 중 하나는 그 어디에도 소수라는 단어가 언급되어 있지 않다는 점이다. 리만 가설이 소수에 대해 이야기하는 이론임에도 말이다.

그 대신 '리만의 제타함수', '자명하지 않은 영점', '직선 $\mathrm{Re}(s) = \dfrac{1}{2}$ 상'과 같이 평소에 본 적도 들은 적도 없는 용어로 채워져 있다.

리만 가설은 마치 무슨 주문을 연상케 하는데, 이 세 가지 키워드를 가지고 '리만 가설'에 대한 이야기를 풀어보고자 한다.

x가 ∞(무한대)에 가까워질 때
그 안의 소수의 개수 $\pi(x)$는 $\dfrac{x}{\log x}$에 근사할 수 있다.

$$\pi\,(x) \sim \frac{x}{\log x}$$

* 1760년 오일러가 발견, 1896년 아다마르와 푸생이 증명

앞서도 언급했지만 1859년의 논문 「주어진 수보다 작은 소수의 개수에 대하여」에서 리만이 말하고자 했던 바는 '소수의 개수'에 대한 부분이었다.

사실은 그로부터 약 100년 전인 1760년에 이미 오일러가 '소수의 개수'에 대해 언급한 바 있다. 그것이 위에 적은 '소수정리'다.

$\pi(x)$란, x 이하에 포함되는 소수의 개수다. 소수는 수가 커질수록 드물게 출현한다는 사실을 앞서 표로도 확인했는데(182쪽), 이 공식이 그 양상을 정확히 표현해내고 있다.

오일러 이후로 카를 프리드리히 가우스(Carl Friedrich Gauss), 아드리앵 르장드르(Adrien Legendre), 페터 디리클레(Peter Dirichlet),

$$\pi(x)=\sum_{m=1}^{\infty}\frac{\mu(m)}{m}\left\{\mathrm{Li}(x^{\frac{1}{m}})-\sum_{\alpha}\left\{\mathrm{Li}((x^{\frac{1}{m}})^{\frac{1}{2}+\alpha i})+\mathrm{Li}((x^{\frac{1}{m}})^{\frac{1}{2}-\alpha i})\right\}+\int_{x^{\frac{1}{m}}}^{\infty}\frac{dt}{(t^2-1)\,t\log t}-\log 2\right\}$$

* 1859년 리만에 의해 발견, 1895년 한스 폰 망골트가 엄밀하게 증명

베른하르트 리만
(Georg Friedrich Bernhard Riemann,
1826~1866)

파프누티 체비쇼프(Pafnutiy Chebyshov) 등 이름난 수학자가 동일한 발견을 했다.

독자 여러분은 '뭐지? 그럼 소수 출현 패턴은 밝혀진 거잖아?'라고 생각할지도 모르겠다.

소수정리는 진한 향을 풍기는 고급 와인과 같다. 누구나 손을 뻗을 수 있는 대용품이 아니다. 실로 일급 수학자만이 그 맛을 분별할 수 있는 최상의 와인이다.

그런데 그것으로는 만족할 수 없다고 불만을 가진 수학자가 등장했다. 리만이다. 그는 최상의 와인 '소수정리'에도 불필요한 맛이 있음을 깨달았다. '소수정리'로는 최상의 수 소수의 진정

맑고 아름다운 맛이 표현되지 않았다고 보았다. 더 정밀한 소수의 개수를 나타내는 궁극적인 공식을 찾아내고자 한 것이다.

그렇게 만들어진 걸작이 '리만의 소수공식'이다. 최상의 수에 어울리는 궁극의 공식인데, 한눈에 봐도 '소수정리'보다 복잡해 보인다.

공식의 한가운데 부분에서 발견되는 '$\frac{1}{2}+ai$'와 '$\frac{1}{2}-ai$'. 여기에 리만 가설이 관계되어 있다. 참고로 'i'는 '$i^2=-1$'이 되는 '허수'다.

소수의 개수 '$\pi(x)$'는 'a'를 모두 모아서 전체를 더한 결과(Σ은 총합을 뜻하는 기호)가 된다는 뜻이다. 즉 궁극의 '소수의 개수'를 표현하려면 이 'ai'가 핵심이 된다는 이야기다.

그렇다면 그 핵심이 되는 a는 대체 어디에서 생겨난 것일까?

답은 '리만의 제타함수'다.

제III장 제타함수의 해를 탐사하는 여행

 키워드 ① 제타함수

드디어 '리만 가설'에 나오는 '리만의 제타함수'가 등장했다. 리만의 제타함수에서 'α'가 생겨났다는 것은 무슨 뜻일까?

중학교 때 배운 2차방정식 풀이를 떠올려보자.

'$x^2-5x+6=0$'의 해를 구하려면 'x^2-5x+6'을 인수분해하면 되었다. 즉, $x^2-5x+6=(x-2)(x-3)$이므로 $x=2$, 3이라고 풀이할 수 있었다. 이때 2와 3은 '함수 x^2-5x+6을 0으로 하는 '방정식의 해'를 말한다.

'방정식 $\zeta(s)$의 해'는 '제타함수 $\zeta(s)$의 영점'이라고도 말하는데 '함수 $f(x)=0$이 되는 x값'을 영점으로 이해하면 된다.

여기서 제타함수를 주역으로 등장시켜보자.

제타함수 $\zeta(s)=\dfrac{1}{1^s}+\dfrac{1}{2^s}+\dfrac{1}{3^s}+\dfrac{1}{4^s}+\dfrac{1}{5^s}+\dfrac{1}{6^s}+\dfrac{1}{7^s}+\dfrac{1}{8^s}+\dfrac{1}{9^s}+\dfrac{1}{10^s}+$ ……의 영점이란, 방정식 $\zeta(s)=\dfrac{1}{1^s}+\dfrac{1}{2^s}+\dfrac{1}{3^s}+\dfrac{1}{4^s}+\dfrac{1}{5^s}+\dfrac{1}{6^s}+\dfrac{1}{7^s}+\dfrac{1}{8^s}+\dfrac{1}{9^s}+\dfrac{1}{10^s}+$ ……$=0$의 해를 뜻한다.

과연 누가 이런 방정식의 해를 구할 수 있을까? 소수정리를 최초로 발견한 오일러가 제타함수를 발견했다. 그때 이미 오일러의 눈은 '제타함수의 해'를 꿰뚫어보고 있었다.

$$\zeta \text{ (음의 짝수) } = 0$$
[자명한 해]

레온하르트 오일러
(Leonhard Euler, 1707~1783)

오일러는 제타함수의 정체를 철저히 조사한 끝에 그 해를 찾아냈다. 그 값은 음의 짝수 '−2, −4, −6,……'였다. 이것을 '자명한 해'라고 말한다.

그렇다면 '자명하지 않은 해'란 대체 무엇을 뜻할까?

 키워드 ② 자명하지 않은 영점

오일러가 행한 제타함수의 연구에서 가장 중요한 부분은 제타함수와 소수의 관계를 발견했다는 점이다. 쉽게 말해서 '제타함수는 소수에 의해 만들어졌다'라는 뜻이다.

제타함수를 계산하면 소수의 정보를 얻을 수 있다는 대발견

◆ 제타함수의 정체는?

$$\frac{1}{1^s} + \frac{1}{2^s} + \frac{1}{3^s} + \frac{1}{4^s} + \frac{1}{5^s} + \cdots\cdots = \frac{2^s}{2^s-1} \times \frac{3^s}{3^s-1} \times \frac{5^s}{5^s-1} \times \frac{7^s}{7^s-1} \times \frac{11^s}{11^s-1} \times \cdots\cdots$$

자연수의 덧셈
총합 Σ = **소수의 곱셈**
총곱 Π

이었다.

리만은 오일러가 찾아낸 제타함수를 한층 상세하게 분석하여 오일러가 하지 못했던 성과를 이루었다. 천재 오일러도 간파하지 못했던 또 하나의 '제타함수의 해'를 리만이 찾아낸 것이다.

마침내 인류는 오일러조차 발견하지 못했던 제타함수의 정체를 리만 덕분에 이해하게 되었다. 리만이 찾은 '제타함수의 해'를 197쪽 그래프를 통해서 살펴보자.

한 번 더 리만의 이야기를 읽어보자.

나는 눈에 보이지도 않는 조잡하고 성과 없는 시도 끝에 이 증명에는 손대지 않기로 했다.

리만

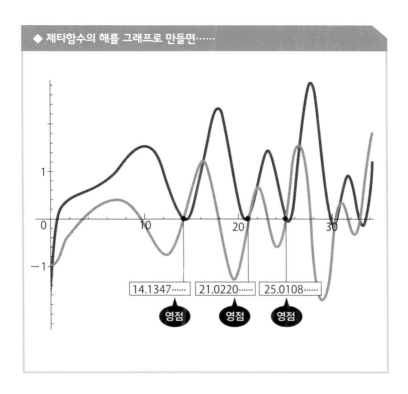

◆ 제타함수의 해를 그래프로 만들면······

14.1347······ 21.0220······ 25.0108······

영점 영점 영점

눈에 보이지도 않는 조잡한 시도가 실로 전인미답의 해를 탐사하는 여행이었다. 그것은 새 항로를 찾아 떠난 마젤란의 세계 일주 달성에 필적하는 초인에게나 가능한 위업이다.

많은 수학자들이 50년 이상이나 걸려 검증하고 완전한 증명을 이루어냈다. 그 결과 제타함수를 0이 되게 하는, 제타함수의 영점은 잇따라 발견되었다.

$$\zeta\left(\frac{1}{2} \pm (14.1347\cdots\cdots)\,i\right) = 0,$$

$$\zeta\left(\frac{1}{2} \pm (21.0220\cdots\cdots)\,i\right) = 0,$$

$$\zeta\left(\frac{1}{2} \pm (25.0108\cdots\cdots)\,i\right) = 0,$$

$$\zeta\left(\frac{1}{2} \pm (30.4248\cdots\cdots)\,i\right) = 0, \cdots\cdots$$

위의 수식을 보자. 영점은 모두 '$\frac{1}{2} \pm ai$'의 형태로 되어 있다. 그리고 이 복소수의 범위에서 발견되는 영점을 '자명하지 않은 영점(비자명한 영점)'이라 말한다.

키워드 ③ 직선 Re(s)=$\frac{1}{2}$상

계속해서 리만의 이야기를 읽어보자.

> 실제로 이 영역 내에 이와 거의 같은 수준의 많은 실근이 있고, 더욱이 그 근이 모두 실근이라는 사실은 지극히 명백하다.
>
> 리만

여기서 실근이란 '$\frac{1}{2} \pm ai$'의 실수 'a'를 말한다.

제타함수 $\zeta(s)$의 영점에 대해 오일러가 발견한 자명한 해 $(-2, -4, -6, \cdots\cdots)$ 이외에는 모두 '$\frac{1}{2} \pm ai$'라는 것이 리만 가설이다. 이것을 '영점이 직선 Re(s)=$\frac{1}{2}$상에 있다'고 표현했다.

그러나 리만의 이 한 문장만큼은 증명되지 못한 채 현재에 이르렀다. 지금까지도 컴퓨터를 이용한 영점 탐사는 계속되고 있으며 15억 개의 영점이 '$\frac{1}{2} \pm ai$'임이 확인되었다.

이 $\frac{1}{2}$이라는 수는 0과 1의 중간에 있는 수를 말하는데, 왜 제타함수의 '자명하지 않은 영점'의 모든 값이 '$\frac{1}{2} \pm ai$'일까?

즉 리만 가설이란 이 $\frac{1}{2}$의 수수께끼를 말하며, '리만 가설의 증명'이란 왜 $\frac{1}{2}$인지를 밝혀내는 것에 지나지 않는다.

제타함수의 영점이 0과 1사이에 있다는 것은 증명되었다. 그러나 0.1과 0.9 사이와 같이 그 범위를 좁혀나가는 것은 불가능하다.

$$\zeta \left(\frac{1}{2} \pm ai \right) = 0$$

리만 가설이 제기된 1859년부터 150년 이상이 흘렀지만 그간 실질적으로 거의 진전이 이루어지지 않았을 만큼 그 가설은 어려운 문제다.

리만의 목표는 어디까지나 '소수의 개수'였다. 제타함수의 영점을 모으면 소수의 개수를 소수정리보다 훨씬(궁극적으로) 정확히 알 수 있다는 것을 기술하고 싶었던 것이다.

당시 리만이 제타함수의 모든 영점을 생각하는 것이 얼마나 심원한 일인지 알아야 할 까닭은 없었다.

1994년 페르마의 마지막 정리가 350여 년이라는 기간에 걸쳐 풀린 데에는 이 제타함수가 계기가 되었다. 바야흐로 리만 제타함수의 핵심에 인류는 바짝 다가서려 하고 있다. 21세기의 오일러는 반드시 나타날 것이다. 육중한 문이 열리고 저편의 풍경을 보게 될 날이 머지않았을지도 모른다.

제Ⅳ장 리만 가설의 의미는 '소수는 조화를 이루고 있다'는 것!?

 ## 소수의 조화는 우주의 조화

마지막으로 한 번 더 소수의 분포 일람표(182쪽)를 보자. 소수의 출현 양식이 불규칙해 보이지 않는가?

그러나 언뜻 보아 임의로 나열된 것 같은 소수도 전체를 모아 놓고 보면 조화를 이루고 있다. 그것이 리만 가설이었다.

역사는 소수의 조화를 가르쳐준다. '수를 분해해나가다 보면 소수가 된다'라는 피타고라스의 발견 이후에 데모크리토스(De-mokritos)가 '원자론'을 창시했다.

피타고라스가 '만물의 근원은 수'라고 했는데 이것이 진실이라면, '소수의 조화가 증명된다'는 것은 만물, 즉 '이 우주도 조화를 이루고 있다'는 것이 증명되는 셈이다. 그것은 우리의 우주가 프라임한(최상의) 존재임을 증명하는 것이기도 하다.

와인의 원자도 그 하나하나가 제각기 흩어져 존재하는 것으로 보이지만, 만약 모든 원자가 어떠한 법칙하에 배합되어 진한 향과 최상의 맛이 완성된다고 한다면 그것은 인간의 영역이 아니다.

그리스 신화에 따르면 술의 신 디오니소스는 인류에게 포도

를 주며 "이것으로 술을 만들라"고 말했다고 한다. 와인 제조과
정에서 인간이 할 수 있는 일은 정성을 담아 와인을 담는 작업
까지이고, 포도의 원자 하나하나가 오크통 속에서 어떻게 반응
하는지까지 통제하는 것은 불가능하다. 와인이 잘 숙성되는 과
정은 인간의 통제 범위 밖의 일이라는 얘기다.

그래도 우리는 완성된 와인을 시음하는 것은 할 수 있다. 최
상의 와인인지 아닌지 맛을 봄으로써 확인할 수는 있다.

 ## 소수는 그야말로 와인처럼

소수가 잘 조합되어 완성된 것. 그것이 '수 세계의 와인'이다.

시음하고 나서 '소수는 최상의 수'라고 평가하는 것은 우리 인
간이 할 수 있는 일이다. 그 '최상의 소수'를 전부 수확하여 완성
하는 한층 더 업그레이드된 풍미가 바로 '소수의 조화', 즉 리만
가설이다.

약 150년 전 리만은 병아리 눈물만큼 맛보았을 뿐인데도 거
기에 있는 최상의 무언가를 감지했다. 그러나 그 이상은 맛보지
않았다. 그는 "지금은 그 전체를 맛볼 상황이 아니다"라는 말을
남기고 40세에 세상을 떠났다.

우리는 리만 이후 제타함수를 짜낼 대로 짜내어 '영점'이라는

극상의 맛을 시음해왔음에도 리만 가설에 오류가 없음을 확인하는 데만 급급했다. 그런 이유로 본질적인 진보가 전혀 이루어지지 않은 안타까운 상황에 처해 있다.

21세기인 현재 리만 가설은 해결을 목전에 두고 있다. 어느 날엔가 우리는 수의 참모습을 보게 될 것이다. 소수의 조화가 빚어내는 진정한 맛과 향을 맛볼 수 있게 될 것이다.

리만 가설의 시음 방법을 그때가 되어 마스터하려고 하면 한 발 늦을지도 모른다. 미리미리 소수의 조화가 주는 기쁨을 충분히 맛볼 준비를 해둬야 하지 않을까?

환희의 그날 와인으로 축배를 들면서 소수의 조화를 즐기고 싶다.

세상은 수학으로 이루어져 있다

이 책을 읽은 독자 여러분이 세상은 수학으로 이루어져 있음을 조금이라도 이해했다면 더없이 기쁘겠다.

2012년에 '세상은 수학으로 이루어져 있다'라는 말이 다양한 미디어에 등장했다. 사이언스 내비게이터로서는 감개무량한 일이다. NHK의 수학과 관련된 세 가지 프로그램 제작에 참여했었는데, 그중에서 〈도모토 코이치의 앙증맞은 사이언스〉가 첫 번째 작품이었다. 아이돌이자 과학 오타쿠 도모토 코이치(堂本光一)씨가 MC를 맡고 나는 그의 의문을 해결해주는 역할로 출연했었다. 이 프로그램에서 내가 말했던 '세상은 수학으로 이루어져 있다'가 이후 고정 멘트가 되었다.

〈머리에 쥐나는 텔레비전〉은 배우인 다니하라 쇼스케(谷原章介) 씨와 샤쿠 유미코(釈由美子)씨가 진행을 맡아 네가미 세이야(根上生也)(요코하마 국립대학 대학원 교수) 선생님과 사이언스 내비게이터가 수학을 지도하는 방식으로 진행된다. 그 프로그램 역시 다니하라 씨의 '세상은 수학으로 이루어져 있습니다'는 말로 시작된다.

〈Rules~아름다운 수학~〉에서는 수학자들이 어떻게 세상을 바라보는가에 초점을 맞췄다. 그것을 풀어나가는 실마리는 자연계에 존재하는 신기한 패턴과 그것을 설명하는 법칙에 있다. 그것들을 소개하면서 시청자를 아름답고도 심오한 수학의 세계로 안내한다.

'세상은 수학으로 이루어져 있다'라는 말은 교과서에도 나온다. 네가미 세이야 선생님을 필두로 하여 만든 고등학교 수학 교과서 『수학활용』(게이린칸)에 저자 중 한 명으로 참여했다. 이 교과서의 특징은 '세상은 수학으로 이루어져 있다'는 말 속에 그대로 드러난다.

이 교과서에는 기존의 문제처럼 외운 공식을 써서 정해진 순서대로 계산하는 형식의 문제가 나오지 않는다. 대신 퍼즐과 같은 문제를 통해 그 속에 감추어진 수리적인 구조에 착안하여 일반적인 해법을 알아보는 것, 문제를 푸는 것이 아니라 다른 어떤 유사한 문제가 있는지를 찾아내는 것, 그리고 일상 속에 수학이 얼마나 많이 스며 있는가를 탐구하는 것 세 가지에 중점을 두어 만들어졌다.

시험을 위한 교과서가 아닌, 문명 속의 인류, 한 사회 속의 인간이 스스로 수학 본연의 세계에 매진할 수 있도록 지원해주는 교과서가 마침내 세상에 나오기 시작한 것이다.

그밖에도 대학에서의 강의, 연간 80회에 이르는 강연회, 책의 집필과 신문 연재 등을 통해 곳곳에서 '세상은 수학으로 이루어져 있다'고 외치며 많은 분들에게 그 매력을 전하고 있다.

이 책이 출간됨으로써 '재밌어서 밤새 읽는 수학' 시리즈는 이제 제4편까지 나오는 단계에 이르렀다. 여기까지 와서야 비로소 '세상은 수학으로 이루어져 있음'을 세상을 향해 이야기할 수 있게 된 느낌이다. 그 또한 전적으로 수학에 관심을 가지고 있는 독자 여러분 덕분이다. 앞으로도 전하고 싶은 내용이 많이 남아 있다. 나는 사이언스 내비게이터로서 앞으로도 계속해서 수학 이야기를 풀어나갈 것이다.

사쿠라이 스스무

- 『이와나미 수학 입문 사전(岩波数学入門辞典)』,이와나미쇼텐(岩波書店).
- 일본 수학회 편집, 『이와나미 수학 사전(岩波数学辞典)』(제4판), 이와나미쇼텐
- 스티븐 R. 핀치(Steven R. Finch), 『수학상수사전(数学定数事典)』,아사쿠라쇼텐(朝倉書店)
- 신무라 이즈루(新村 出), 『고지엔(広辞苑)』, 이와나미쇼텐
- 코니시 도모시치(小西友七), 미나미데 코세이(南出 康世), 『지니어스 영일대사전(ジーニアス英和大辞典)』, 다이슈칸쇼텐(大修館書店)
- 수학 세미나 편집부(数学セミナー編集部), 『수학100의 문제 수학사를 바꾼 발견과 전쟁의 드라마(数学100の問題─数学史を彩る発見と挑戦のドラマ)』, 일본평론사(日本評論社)
- 가타노 젠이치로(片野 善一郎), 『수학용어와 기호 이야기(数学用語と記号ものがたり)』, 상화방(裳華房)
- 앨프리드 W. 크로스비(Alfred W. Crosby), 『수량화혁명(数量化革命)』, 기노쿠니야쇼텐(紀伊国屋書店)
- 사토 겐이치(佐藤 健一), 『진겁기 초판본─ 영인 현대문자 그리고 현대어 번역(塵劫記初版本─影印、現代文字、そして現代語訳)』, 겐세이사(研成社)
- 『수학활용(数学活用)』, 게이린칸(啓林館)
- 존 더비셔(John Derbyshire), 『리만가설』
- 다카기 데이지(高木貞治), 『근세수학사담 수학잡담(복원판)(復刻版 近世数学史談・数学雑談)』, 공립출판(共立出版)
- 『수학명언집(数学名言集)』, 베르첸코(Virchenko, N. A.), 오타케출판(大竹出版)
- 사쿠라이 스스무, 『재밌어서 밤새 읽는 수학 이야기』, PHP출판사
- 사쿠라이 스스무, 『초 재밌어서 밤새 읽는 수학 이야기』, PHP출판사
- 사쿠라이 스스무, 『초초 재밌어서 밤새 읽는 수학 이야기』, PHP출판사

- 참고 URL The Prime Pages http://www.primes.utm.edu/

재밌어서 밤새 읽는 수학 이야기_프리미엄 편

초판 1쇄 발행 2018년 7월 27일
초판 6쇄 발행 2023년 11월 12일

지은이 사쿠라이 스스무
옮긴이 장은정
감수자 계영희

발행인 김기중
주간 신선영
편집 민성원, 백수연
마케팅 김신정, 김보미
경영지원 홍운선

펴낸곳 도서출판 더숲
주소 서울시 마포구 동교로 43-1 (04018)
전화 02-3141-8301~2
팩스 02-3141-8303
이메일 info@theforestbook.co.kr
페이스북 · 인스타그램 @theforestbook
출판신고 2009년 3월 30일 제 2009-000062호

ISBN 979-11-86900-61-1 (03410)